课堂实录

曹代远 / 编著

Flash 动画及游戏制作
课堂实录

清华大学出版社
北京

内 容 简 介

本书融入了作者丰富的动画设计经验和教学心得，内容涵盖Flash CC快速入门、Flash软件的基本操作、选择工具、绘图工具、填充颜色工具、使用文本工具创建特效文字、对象的编辑与操作、图层操作和基本动画的制作、滤镜和混合的使用、元件和库的使用、Flash常用组件、ActionScript交互动画、资源的导入及使用、优化与发布Flash动画等。案例包括创意十足的电子贺卡设计、3D效果、游戏设计、网站广告。

本书适用于需要学习Flash的初中级用户、Flash动画爱好者以及Flash动画从业人员，也可以作为大中专院校师生学习的辅导和培训教材。

图书在版编目（CIP）数据

Flash动画及游戏制作课堂实录 / 曹代远编著. —北京：清华大学出版社，2015
　（课堂实录）
ISBN 978-7-302-39750-2

Ⅰ. ①F… Ⅱ. ①曹… Ⅲ. ①动画制作软件 Ⅳ. ①TP391.41

中国版本图书馆CIP数据核字（2015）第071321号

责任编辑：陈绿春
封面设计：潘国文
责任校对：徐俊伟
责任印制：李红英

出版发行：清华大学出版社
　　　　　网　　　址：http://www.tup.com.cn，http://www.wqbook.com
　　　　　地　　　址：北京清华大学学研大厦A座　　　　　邮　　编：100084
　　　　　社 总 机：010-62770175　　　　　　　　　　　邮　　购：010-62786544
　　　　　投稿与读者服务：010-62776969，c-service@tup.tsinghua.edu.cn
　　　　　质 量 反 馈：010-62772015，zhiliang@tup.tsinghua.edu.cn
印 刷 者：北京鑫丰华彩印有限公司
装 订 者：三河市溧源装订厂
经　　销：全国新华书店
开　　本：188mm×260mm　　　　印　张：19.5　　　　字　数：545千字
　　　　　（附光盘1张）
版　　次：2015年7月第1版　　　　印　次：2015年7月第1次印刷
印　　数：1～3500
定　　价：49.00元

产品编号：061936-01

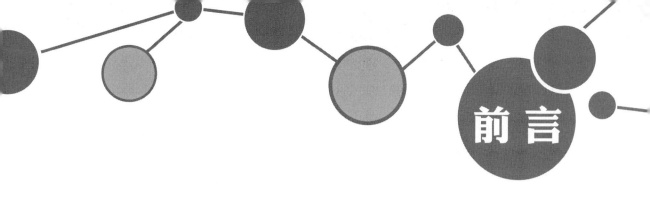

前　言

随着网络的普及和发展，网络上的内容越来越丰富，表现方式也更加多样化。人们对网络的追求也不再是单纯的图片与文字的结合，而是基于网络基础的动态效果和交互性。顺应这种潮流，各种网页制作软件也在不断地升级，其中Flash是制作动画的首选软件。无论是动画、广告、游戏，还是整个网站，强大、灵活、易用的Flash是绝大多数专业设计师首选的创作工具。Flash CC是Adobe最新发布的Flash版本，它采用了多种先进的技术，能够快速高效地创建极具表现力和动感效果的动画，使网页动画的创作过程变得简单无比，并且现在Flash在手机开发中也成为了非常好的一款制作软件。

本书内容

本书内容由浅入深，每课的内容丰富多彩，力争涵盖全部的常用知识点。在介绍软件系统的同时，全书使用实例，贯穿整个讲解过程，使读者既能了解各项知识点的使用方法，又能及时了解各项知识点的实际运用场合，方便知识点的记忆。

第1课到第14课是"基础知识"，包括Flash CC快速入门、Flash软件的基本操作、选择工具、强大的绘图工具、填充颜色工具、使用文本工具创建特效文字、对象的编辑与操作、图层操作和基本动画的制作、滤镜和混合的使用、元件和库的使用、Flash常用组件、ActionScript交互动画、资源的导入及使用、优化与发布Flash动画。

第15课到第17课是"综合实例"，包括创意十足的电子贺卡设计、3D效果与游戏设计、制作网站广告。

最后是"附录"，总结了在动画设计实践中的各种操作技巧、常见问题解答、ActionScript命令函数总表。

本书特点

本书的作者有着多年的丰富教学经验与实际工程的设计经验，希望把实际授课和作品设计制作中的经验表达出来，展现给读者，希望读者在体会到Flash CC强大功能的同时，能够把设计思想、创意通过软件反映到动画设计的视觉效果上来。在掌握了基本操作的同时，通过实例和优秀的动画作品，体会动画设计中的独到之处，实现由浅入深、由入门到精通的这一循序渐进的过程。本书具有以下几个鲜明的特点：

（1）内容全面丰富。本书全面深入地介绍了Flash动画设计与制作过程中所涉及的各项操作，涵盖了Flash CC中全部的常用知识点和功能。

（2）结构安排合理。本书中大多数知识点都是采用实例介绍的，根据实例的具体操作需要，将各项操作知识充分融合到实例中，使实例和知识达到完美的融合。同时在每课的最后基本上都有一个或者几个综合实例，将本课的内容进行了一次完整的贯通，以帮助读者巩固本课的相关知识点和提升读者解决实际问题的能力。

（3）讲解细致，循序渐进。将Flash学习中的知识点浓缩在一个个实例中，每一个制作步骤都写得非常细致，各种工具、操作过程都附有图片说明，层层递进的教学方法使学习变得非常轻松和愉快。

（4）本书的附赠光盘中提供了所有实例的素材文件和最终源文件，以及练习的源文件。

本书的读者对象

本书既适合于Flash初中级用户、Flash动画设计与制作人员、动画设计开发与编程设计人员、动画制作培训班学员、大中专院校相关专业师生及个人动画制作爱好者阅读，又可以作为大中专院校或者企业的培训教材，同时对Flash高级用户也有很高的参考价值。

参加编写的人员包括曹代远、张忠琼、冯雷雷、晁辉、陈石送、何琛、吴秀红、王冬霞、何本军、乔海丽、邓仰伟、孙雷杰、孙文记、倪庆军、胡秀娥、赵良涛、徐曦、刘桂香、葛俊科、葛俊彬等。由于作者水平有限，加之创作时间仓促，本书不足之处在所难免，欢迎广大读者批评指正。

曹代远
2015年6月

目录

第4课 绘图工具

第5课 填充颜色工具

第6课 使用文本工具创建特效文字

第10课　元件和库的使用

第11课　Flash常用组件

第12课　ActionScript交互动画

第13课 资源的导入及使用

第14课 优化与发布Flash动画

第15课 创意十足的电子贺卡设计

第16课 3D效果与游戏设计

17 课 制作网站广告

附录 Flash动画常见问题解答

第1课
Flash CC快速入门

本课导读

　　Flash CC界面清新简洁友好，用户能在较短的时间内掌握软件的使用。 Flash CC可以实现多种动画特效，是由一帧帧的静态图片在短时间内连续播放而造成的视觉效果，表现为动态过程，能满足用户的制作需要。

技术要点

★ Flash的特点

★ Flash的应用范围

★ Flash CC的基本概念

★ Flash CC工作界面

1.1 Flash的特点

　　Flash以其强大的功能，易于上手的特性，得到了广大用户的认可，甚至于疯狂的热爱，很多的人已投入到Flash动画的制作中。作为一款动画制作软件，Flash与其他动画制作软件有很多相似的地方，但也有很多特点，正是这些特点成就了Flash在网络动画领域的王者地位。

　　（1）使用矢量图形和流式播放技术。与位图图形不同的是，矢量图形可以任意缩放尺寸而不影响图形的质量；流式播放技术使得动画可以边播放边下载，从而缓解了网页浏览者焦急等待的情绪。

　　（2）通过使用关键帧和图符使得所生成的动画（.swf）文件非常小，几K字节的动画文件已经可以实现许多令人心动的动画效果，用在网页设计上不仅可以使网页更加生动，而且小巧玲珑下载迅速，使得动画可以在打开网页很短的时间里就得以播放。

　　（3）把音乐、动画、声效以交互方式融合在一起，越来越多的人已经把Flash作为网页动画设计的首选工具，并且创作出了许多令人叹为观止的动画（电影）效果。而且在Flash中可以支持MP3的音乐格式，这使得加入音乐的动画文件也能保持小巧的"身材"，大家经常看到的MTV很多是利用Flash软件制作出来的动画效果，让音乐、动画、文本交互在一起，同时播放，既生动又形象，使浏览者印象深刻，如图1-1所示。

　　（4）强大的动画编辑功能使得设计者可以随心所欲地设计出高品质的动画，通过Action和FS COMMAND可以实现交互性，使Flash具有更大的设计自由度。另外，它与当今最流行的网页设计工具Dreamweaver配合默契，可以直接嵌入网页的任一位置，非常方便。如图1-2所示为交互性的Flash动画。

图1-1　音乐、动画、声效交互在一起

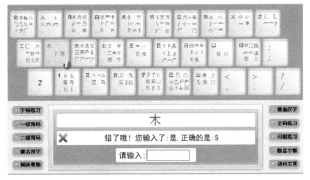

图1-2　交互性的Flash动画

　　（5）界面友好，易于上手，Flash不但功能强大，且布局合理，使得初学者可以在很短的时间内熟悉它的工作界面。同时软件附带了详细的帮助文件和教程，并有示例文件供用户研究学习，非常实用。

　　（6）可扩展性。通过第三方开发的Flash插件程序，可以方便地实现一些以往需要非常繁琐的操作才能实现的动态效果，大大提高了Flash影片制作的工作效率。

　　（7）动画的输出格式。Flash是一个优秀的图形动画文件的格式转换工具，它可以将动画以GIF、QuickTime和AVI的文件格式输出，也可以以帧的形式将动画插入到Director中去。

　　Flash能够以下面所列的文件格式输出动画。

★　SWF：Flash动画文件或Flash模板文件。

★　SPL：Future Splash动画文件。

- ★ GIF：动画GIF文件。
- ★ AI：Adobe Illustrator矢量文件格式。
- ★ BMP：Windows位图文件格式。
- ★ JPG：JPG位图文件格式。
- ★ PNG：可移植的网络图像文件格式。
- ★ AVI：Windows视频文件。
- ★ MOV：QuickTime视频文件。
- ★ MAV：视频文件。
- ★ EMF：EMF文件格式。
- ★ WMF：Windows Metafile文件格式。
- ★ EPS：EPS文件格式。
- ★ DXF：AutoCAD DXF文件格式。

1.2 Flash的应用范围

Flash动画不仅可以在浏览器上观看，也可以直接利用独立的播放器播放，所以越来越多的多媒体光盘都是采用Flash制作的。

Flash凭着其文件小、动画清晰、运行流畅等特点，在各种领域中都得到了广泛的应用。其用途主要有以下几个方面。

1. Flash动画短片

可能大部分人都是通过观看网上精彩的动画短片知道Flash的。Flash动画短片经常以其感人的情节或搞笑的对白吸引着绝大多数的上网者观看。如图1-3所示为Flash动画短片。

图1-3　Flash动画短片

2. 制作互动性动画

随着ActionScript动态脚本编程语言的逐渐发展，Flash已经不再局限于制作简单的交互动画程序，通过复杂的动态脚本编程还可以制作出各种各样有趣、精彩的Flash小游戏，如图1-4所示。

3. 互联网视频播放

在互联网上，由于网络传输速度的限制，不适合一次性读取大容量的视频数据，因此便需要逐帧传送要播放的内容，这样才能在最少的时间内播放完所有的内容。Flash文件正是应用了这种流媒体数据传输方式，

因此在互联网的视频播放中被广泛应用，如图1-5所示为互联网上的视频动画片。

图1-4　互动动画

图1-5　互联网视频播放

4. 制作教学用课件

随着网络教育的逐渐普及，网络授课不再只是以枯燥的文字为主，更多的教学内容被制作成了动态影像，或将教师的知识点讲解录音进行在线播放。可是这些教学内容都只是生硬地播放事先录制好的内容，学习者只能被动地点击播放，而不能主动参与到其中。而Flash的出现改变了这一切，由Flash制

作的课件具有很高的互动性，使学习者能够真正融入到在线学习中，亲身参与每一个实验，就好像自己真正在动手一样，使原本枯燥的学习变得活泼生动。如图1-6所示为利用Flash制作的课件。

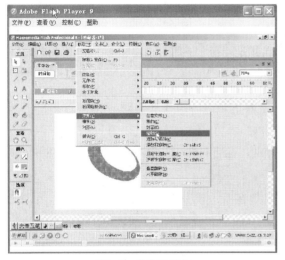

图1-6　教学用课件

5. Flash电子贺卡

在快节奏发展的今天，每当重要的节日或者纪念日，更多的人选择借助发电子贺卡来表达自己对对方的祝福和情感。而在这些特别的日子里，一张别出心裁的Flash电子贺卡往往能够为人们的祝福带来更加意想不到的效果，如图1-7所示为一张新年电子贺卡。

图1-7　电子贺卡

6. 搭建Flash网站

由于制作精美的Flash动画可以具有很强的视觉冲击力和听觉冲击力，因此公司网站往往会采用Flash制作，借助Flash的精彩效果吸引客户的注意力，从而达到比以往静态页面更好的宣传效果，如图1-8所示。

图1-8　Flash网站

7. 制作光盘多媒体界面

Flash与其他多媒体软件结合使用，可以制作出多媒体光盘的互动界面，如图1-9所示。

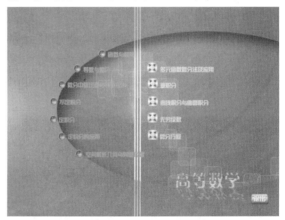

图1-9　光盘多媒体界面

8. Flash广告

网络广告动画就是在互联网上传播，利用网站上的广告横幅、多媒体视窗的方法，在互联网刊登或发布动画广告，通过网络传递到互联网用户的一种高科技广告运作方式。网站上的广告目前有相当数量使用Flash制作，原因就在于Flash的表现方式比GIF动画要丰富许多。网站Flash广告是网络广告中最为时尚，最流行的广告形式。如图1-10所示Flash广告。

图1-10　Flash广告

1.3 Flash CC的基本概念

在学习利用Flash CC进行动画制作之前，先简单地介绍一下Flash CC中的基本概念，为后面的动画设计打下基础。

1.3.1 矢量和位图

Flash CC可以识别多种矢量图形和位图图像的文件格式，并对导入的位图图像进行各种处理。

矢量图像，也称为面向对象的图像或绘图图像，在数学上定义为一系列由线连接的点。矢量文件中的图形元素称为对象。每个对象都是一个自成一体的实体，它具有颜色、形状、轮廓、大小和屏幕位置等属性。既然每个对象都是一个自成一体的实体，就可以在维持它原有清晰度和弯曲度的同时，多次移动和改变它的属性，而不会影响图例中的其他对象。这些特征使基于矢量的程序特别适用于图例和三维建模，因为它们通常要求能创建和操作单个对象。基于矢量的绘图同分辨率无关。这意味着它们可以按最高分辨率显示到输出设备上。矢量图形使用函数来记录图形中的颜色、尺寸等属性。物体的任何放大和缩小都不会使图像失真和降低品质，也不会对文件的大小有影响。如图1-11和1-12所示矢量图形放大前后不失真和降低品质。

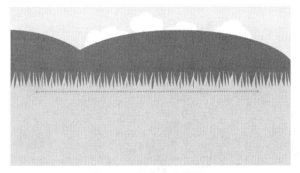
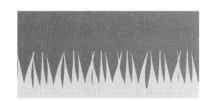

图1-11　矢量图形原图　　　　　　　　　　图1-12　矢量图形放大4倍后不失真

位图图像，也称为点阵图像或绘制图像，是由称作像素的单个点组成的。这些点可以进行不同的排列和染色以构成图样。当放大位图时，可以看见赖以构成整个图像的无数单个方块。扩大位图尺寸的效果是增多单个像素，从而使线条和形状显得参差不齐。如果从稍远的位置观看它，位图图像的颜色和形状又显得是连续的。由于每一个像素都是单独染色的，可以通过以每次一个像素的频率操作选择区域而产生近似相片的逼真效果，如加深阴影和加重颜色。缩小位图尺寸也会使原图变形，因为此举是通过减少像素来使整个图像变小的，如图1-13和图1-14所示位图图像放大后会失真。

图1-13　位图图像原图　　　　　　　　　　图1-14　位图图像放大后

处理位图时，输出图像的质量决定于处理过程开始时设置的分辨率高低。分辨率是一个笼统的术语，它指一个图像文件中包含的细节和信息的大小，以及输入、输出、或显示设备能够产生的细节程度。操作位图时，分辨率既会影响最后输出的质量，也会影响文件的大小。处理位图需要三思而后行，因为给图像选择的分辨率通常在整个过程中都伴随着文件。无论是在一个300 dpi的打印机还是在一个2 570dpi的照排设备上印刷位图文件，文件总是以创建图像时所设的分辨率大小印刷，除非打印机的分辨率低于图像的分辨率。如果希望最终输出看起来和屏幕上显示的一样，那么在开始工作前，就需要了解图像的分辨率和不同设备分辨率之间的关系。显然矢量图就不必考虑这么多。

1.3.2　帧

Flash动画将播放时间分解为帧，用来设置动画的方式，播放的顺序及时间等，默认是每秒24帧，帧是创建动画的基础，也是构成动画的最基本的元素之一。在时间轴中可以很明显

的看出帧和图层是一一对应的。帧代表着时刻，不同的帧记为不同的时刻，画面会随着时间的推移逐个显示，如图1-15所示。

图1-15　帧

1.3.3　图层

可以在图层上绘制和编辑对象，而不会影响其他图层上的对象。如果一个图层上没有内容，那么就可以透过它看到下面的图层。

在Flash中，图层的使用使得动画的制作过程更加简单，不同的图形和动画分别制作在不同的图层上，既条理清晰又便于编辑。如图1-16所示时间轴中的图层。

图1-16　时间轴中的图层

1.3.4　元件和实例

元件是在Flash CC中创建的图形、按钮、或影片剪辑。元件只需要创建一次，然后即可在整个文档或其他文档中重复使用元件。用户所创建的任何元件都会自动成为当前文档的库的一部分。

每个元件都有自己的时间轴。可以将帧、关键帧和层添加至元件时间轴，就像可以将它们添加至主时间轴一样。如果元件是影片剪辑或按钮，则可以使用动作脚本控制元件。

实例是指位于舞台上或嵌套在另一个元件内元件副本。实例可以与它的元件在颜色、大小和功能上差别很大。编辑元件会更新所有实例，但对元件的一个实例应用效果则只更新该实例。

1.4　Flash CC工作界面

Flash CC的工作界面由菜单栏、工具箱、时间轴、舞台和面板等组成，如图1-17所示。

菜单栏
时间轴
工具箱
舞台
属性面板

图1-17　Flash CC的工作界面

1.4.1　菜单栏

菜单栏是最常见的界面要素，它包括"文件"、"编辑"、"视图"、"插入"、"修改"、"文本"、"命令"、"控制"、"调试"、"窗口"和"帮助"等一系列的菜单，如图1-18所示。根据不同的功能类型，可以快速地找到所要使用的各项功能选项。

文件(F)　编辑(E)　视图(V)　插入(I)　修改(M)　文本(T)　命令(C)　控制(O)　调试(D)　窗口(W)　帮助(H)

图1-18　菜单栏

★　"文件"菜单：用于文件操作，如创建、打开和保存文件等。

★　"编辑"菜单：用于动画内容的编辑操作，如复制、剪切和粘贴等。

★　"视图"菜单：用于对开发环境进行外观和版式设置，包括放大、缩小、显示网格及辅助线等。

★　"插入"菜单：用于插入性质的操作，如新建元件、插入场景和图层等。

★　"修改"菜单：用于修改动画中的对象、场景甚至动画本身的特性，主要用于修改动画中各种对象的属性，如帧、图层、场景以及动画本身等。

★　"文本"菜单：用于对文本的属性进行设置。

★　"命令"菜单：用于对命令进行管理。

★　"控制"菜单：用于对动画进行播放、控制和测试。

★　"调试"菜单：用于对动画进行调试。

★　"窗口"菜单：用于打开、关闭、组织和切换各种窗口面板。

★　"帮助"菜单：用于快速获得帮助信息。

1.4.2　工具箱

工具箱中包含一套完整的绘图工具，位于工作界面的左侧，如图1-19所示。如果想将工具箱变成浮动工具箱，可以拖动工具箱最上方的位置，这时屏幕上会出现一个工具箱的虚框，释放鼠标即可将工具箱变成浮动工具箱。

图1-19　工具箱

- ★ "选择"工具：用于选定对象、拖动对象等操作。
- ★ "部分选取"工具：可以选取对象的部分区域。
- ★ "任意变形"工具：对选取的对象进行变形。
- ★ "3D旋转"工具：3D旋转功能只能对影片剪辑发生作用。
- ★ "套索"工具：选择一个不规则的图形区域，并且还可以处理位图图形。
- ★ "钢笔"工具：可以使用此工具绘制曲线。
- ★ "文本"工具：在舞台上添加文本，编辑现有的文本。
- ★ "线条"工具：使用此工具可以绘制各种形式的线条。
- ★ "矩形"工具：用于绘制矩形，也可

以绘制正方形。
- ★ "椭圆"工具：绘制的图形是椭圆或圆形图案。
- ★ "多角星形"工具：用于绘制多角星形，例如五角星。
- ★ "铅笔"工具：用于绘制折线、直线等。
- ★ "刷子"工具：用于绘制填充图形。
- ★ "墨水瓶"工具：用于编辑线条的属性。
- ★ "颜料桶"工具：用于编辑填充区域的颜色。
- ★ "滴管"工具：用于将图形的填充颜色或线条属性复制到别的图形线条上，还可以采集位图作为填充内容。
- ★ "橡皮擦"工具：用于擦除舞台上的内容。
- ★ "手形"工具：当舞台上的内容较多时，可以用该工具平移舞台以及各个部分的内容。
- ★ "缩放"工具：用于缩放舞台中的图形。
- ★ "笔触颜色"工具：用于设置线条的颜色。
- ★ "填充颜色"工具：用于设置图形的填充区域。

1.4.3　时间轴

"时间轴"面板是Flash界面中十分重要的部分，用于组织和控制文档内容在一定时间内播放的图层数和帧数，如图1-20所示。

在"时间轴"面板中，其左边的上方和下方的几个按钮用于调整图层的状态和创建图层。在帧区域中，其顶部的标题指示了帧编号，动画播放头指示了舞台中当前显示的帧。

图1-20　"时间轴"面板

1.4.4　舞台

舞台是放置动画内容的区域，可以在整个场景中绘制或编辑图形，但是最终动画仅显示场景白色区域中的内容，而这个区域就是舞台，如图1-21所示。

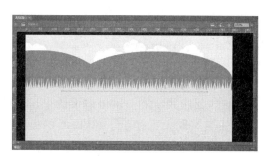

图1-21 舞台

1.4.5 面板

面板的形式提供了大量的操作选项，通过一系列的面板可以编辑或修改动画对象。Flash CS4的面板分为许多种，最主要的面板有"属性"面板、"库"面板和"颜色"面板等。

1. "属性"面板

在Flash中，"属性"面板的内容取决于当前选定的内容，可以显示当前文档、文本、元件、帧或工具的信息和设置，"属性"面板如图1-22所示。

图1-22 "属性"面板

2. "库"面板

选择"窗口"|"库"命令即可打开

"库"面板，如图1-23所示。在"库"面板中可以方便快捷地查找、组织以及调用资源，"库"面板提供了动画中数据项的许多信息。库中存储的元素被称为元件，可以重复利用。

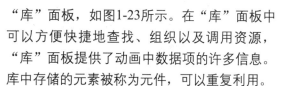
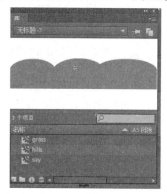

图1-23 "库"面板

3. "颜色"面板

选择"窗口"|"颜色"命令，打开"颜色"面板，如图1-24所示。使用"颜色"面板可以创建和编辑纯色及渐变填充，调制出大量的颜色，以设置笔触、填充色以及透明度等。如果已经在舞台中选定了对象，那么在"颜色"面板中所做的颜色更改就会被应用到该对象。

图1-24 "颜色"面板

1.5 课后练习

一、填空题

1. Flash动画将播放时间分解为帧，用来设置动画的方式、播放的顺序及时间等，默认是每秒_____，帧是创建动画的基础，也是构成动画的最基本的元素之一。

2. 元件是在Flash CC中创建的_____、_____、_____。元件只需要创建一次，然后即可在整个文档或其他文档中重复使用元件。

二、讲述一下Flash的特点。

1.6 本课小结

Flash是一个非常优秀的矢量动画制作软件，它以流式控制技术和矢量技术为核心，制作的动画具有短小精悍的特点，所以被广泛应用于网页动画的设计中，已成为当前动画设计最为流行的软件之一。通过本课学习，主要帮助大家初步了解Flash 的概况。希望这些能激发起读者对Flash的兴趣。

第2课
掌握Flash软件的基本操作

本课导读

　　制作Flash动画其实并不复杂，只需要熟练
几个基本的动画操作之后，就可以做出一些简
单的动画来。而且Flash动画有很多优点，比如
它的清晰度很高，可以先做成一个小动画，然
后再拼接成一部大作品等。

技术要点

★ 文档的基本操作
★ 设置文档属性
★ 辅助工具的使用
★ 系统的优化设置

2.1 文档的基本操作

Flash CC对文档的操作与其他软件类似，具体包括文档的新建、保存和打开等，下面来简单的介绍一下。

▌2.1.1 新建Flash文档

Flash CC提供了多种新建动画文件的方法，可以使用开始页创建，也可以使用菜单命令或按钮工具创建。可以创建一个空白的新的文档，然后按自己的思路设计动画，具体操作步骤如下。

01 启动软件后，出现一个新文档界面，如图2-1所示。

02 单击新建下面的"Action Script 3.0"按钮，Flash会自动创建一个扩展名.fla的新文件，如图2-2所示。

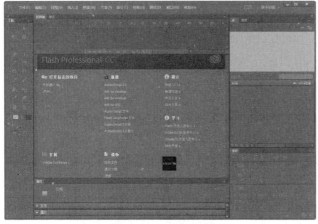

图2-1 新文档界面

图2-2 新建文档

▌2.1.2 保存Flash文档

创建文档后，即可在文档中进行编辑，为了避免由于意外情况而导致文档的丢失和破坏，应及时保存文档，具体操作步骤如下。

01 执行"文件"|"保存"命令，弹出"另存为"对话框，如图2-3所示。

02 在对话框中的"文件名"文本框中输入文件名，单击"保存"按钮，即可保存文档。

图2-3 "另存为"对话框

▌2.1.3 打开Flash文档

可以通过"打开"对话框来打开任何一个已经保存在系统中的动画文件。如果最近曾经打开过一些.fla文件，则它们会自动地显示在开始页的"打开最近项目"组或"文件/打开最近的文件"子菜单，可以通过"打开"对话框快捷的打开它们，具体操作步骤如下。

01 执行"文件"|"打开"命令，弹出"打开"对话框，如图2-4所示。

02 在弹出的对话框中选择要打开的文档，单击"打开"按钮，即可打开选定的文档。

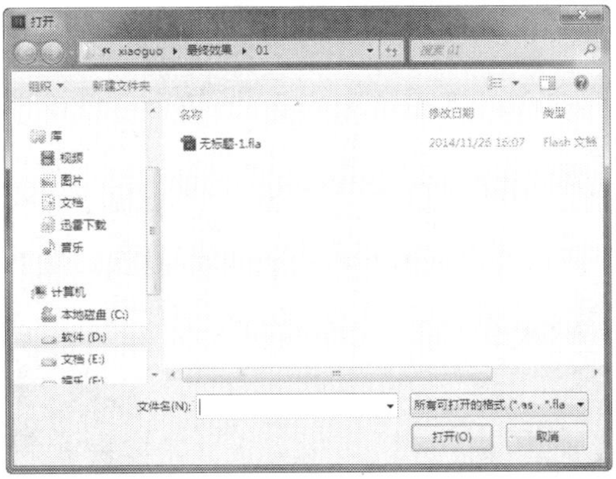

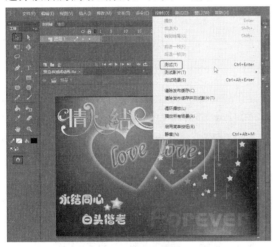

图2-4 "打开"对话框

2.1.4 预览和测试动画

本节讲述预览测试动画效果，具体操作步骤如下。

01 打开动画文件，执行"控制"｜"测试"命令，如图2-5所示。

02 选择以后测试动画效果，如图2-6所示。

图2-5 选择"测试"命令

图2-6 测试动画效果

2.1.5 关闭Flash文档

关闭文档的具体操作步骤如下。

01 在要关闭的窗口中单击右上角的"关闭"按钮，即可关闭当前的文件。

02 若当前文件没有被保存，则会弹出如图2-7所示的对话框。

03 若想保存该文档，则单击"是"按钮；若不

想保存，直接单击"否"按钮即可。

图2-7 "保存"对话框

2.2 设置文档属性

在Flash的"文档设置"对话框中可以设置文档大小、文档的背景颜色、设置帧频率等，下面就详细讲述文档属性的设置。

2.2.1　设置文档大小

执行"修改"|"文档"命令，弹出"文档设置"对话框，在"舞台大小"文本框中输入相应的数值，即可设置舞台的大小。如图2-8所示。

图2-8　设置文档大小

2.2.2　设置舞台颜色

单击"舞台颜色"后面的按钮，在弹出的颜色列表中可以设置舞台的背景颜色，如图2-9所示。

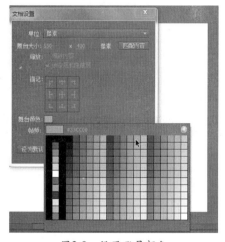

图2-9　设置背景颜色

2.2.3　设置帧频率

执行"修改"|"文档"命令，弹出"文档设置"对话框，在"帧频"文本框中可以输入每秒要显示的动画帧数。帧数越大，动画显示越快，帧数越少，动画显示越慢。如图2-10所示。

图2-10　设置帧频率

2.2.4　课堂小实例——缩放视图中的工作区

要在屏幕上查看整个舞台，或要以高缩放比率查看绘图的特定区域，可以更改缩放比率级别。最大的缩放比率取决于显示器的分辨率和文档大小。缩放工作区有以下几种方法。

01　要放大或缩小整个舞台，执行"视图"|"放大"或"视图"|"缩小"，如图2-11所示。

02　要放大或缩小特定的百分比，执行"视图"|"缩放比率"，然后从子菜单中选择一个百分比，或者从文档窗口右上角的"缩放"控件中选择一个百分比，如图2-12所示。

图2-11　放大或缩小整个舞台

图2-12　放大或缩小特定的百分比

指点迷津

（i）要缩放舞台以完全适合应用程序窗口，执行"视图"|"缩放比率"|"符合窗口大小"。

（ii）要显示当前帧的内容，执行"视图"|"缩放比率"|"显示全部"，或从应用程序窗口右上角的"缩放"控件中选择"显示全部"。

（iii）如果场景为空，则会显示整个舞台。要在不更改缩放比率的情况下更改视图，可以使用"手形"工具移动舞台。

03 若要放大某个元素，选择"工具"面板中的"缩放"工具，然后单击该元素。若要在放大或缩小之间切换"缩放"工具，使用"放大"或"缩小"功能键（当"缩放"工具处于选中状态时位于"工具"面板的选项区域中），或者按住Alt键单击，如图2-13所示。

图2-13　放大某个元素

2.2.5　使用"属性"面板设置属性

使用"属性"面板和"浮动"面板组，可以查看或组合或更改资源以及其属性。可以根据视图的需要来显示/隐藏面板和调整面板的大小，也可以组合面板并保存自定义的面板的设置，从而更容易管理工作区。

执行"窗口"|"属性"命令，可以打开或关闭"属性"面板，如图2-14所示。"属性"面板可以显示当前使用的工具和被选择的对象的各种属性和参数。在"属性"面板中可以对当前使用的工具和对象进行参数及属性的设置。

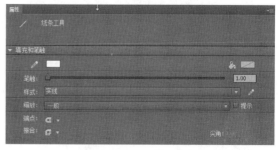

图2-14　"属性"面板

2.3 辅助工具的使用

创作环境中的辅助功能支持提供了用于导航和使用界面控件（包括面板、"属性"检查器、对话框、舞台和舞台上的对象）的键盘快捷键，因此可以在不使用鼠标的情况下使用这些界面元素。

2.3.1　标尺

标尺和辅助线的作用是帮助用户精确绘图及处理文本。在Flash中，一般标尺出现在左侧和上部，当显示标尺时，可以从标尺处拖动水平或垂直辅助线到舞台中。

01 执行"视图"|"标尺"命令，在舞台中的上方和左侧显示出标尺，如图2-15所示。

02 还可以自定义标尺的单位，执行"修改"|"文档"命令，弹出"文档设置"对话框，在对话框中的"单位"下拉列表中选择相应的单位，如图2-16所示。

图2-15　显示标尺

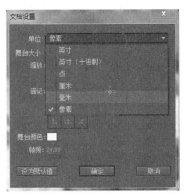

图2-16　设置标尺单位

2.3.2　网格

使用网格可以精确绘图或处理文本，如果在舞台上显示网格，就可以通过将对象与网格对齐，使对象放置的位置更加符合要求。

01 执行"视图"|"网格"|"显示网格"命令，在舞台中显示网格，如图2-17所示。再次执行"视图"|"网格"|"显示网格"命令，可以将网格隐藏。

02 执行"视图"|"网格"|"编辑网格"命令，弹出"网格"对话框，如图2-18所示。

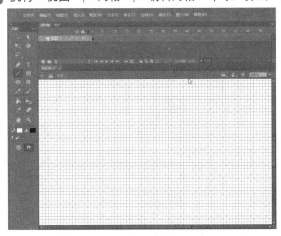

图2-17　显示网格

图2-18　"网格"对话框

在"网格"对话框中可以设置以下参数。

★ 颜色：可以设置网格的颜色。

★ 显示网格：勾选此复选框在舞台中显示网格。

★ 贴紧至网格：勾选此复选框可以启动网格的吸附功能。

★ ↔：表示网格的横向间隔。

★ ↕：表示网格的纵向间隔。

★ 贴紧精确度：可以选择吸附的精确性，一般与"贴紧至网格"功能配合使用。

2.3.3 辅助线

使用辅助线可以方便对象的排列，将鼠标移动到标尺上，按住鼠标左键不放进行拖动即可拖出一条辅助线，如图2-19所示。

在对舞台中的对象进行编辑时，为了防止误将辅助线移动，执行"视图"|"辅助线"|"锁定辅助线"命令，将辅助线锁定。

执行"视图"|"辅助线"|"编辑辅助线"命令，弹出"辅助线"对话框，如图2-20所示。

图2-19 辅助线

图2-20 "辅助线"对话框

在"辅助线"对话框中可以设置以下参数。

★ 颜色：可以设置辅助线的颜色。

★ 显示辅助线：勾选该复选框将显示辅助线。

★ 贴紧至辅助线：使对象的边缘被吸附在辅助线上。

★ 锁定辅助线：将辅助线锁定。

★ 贴紧精确度：在此下拉列表中可以设置对象贴紧辅助线的精确度。

2.3.4 贴紧

Flash的贴紧设置是很多新手忽略的一个功能，其实这个功能使用得当，结合辅助线等，可以很方便地用来定位图形的位置，防止出现误操作，对于提高我们的工作效率有很大帮助。

可以通过视图菜单或场景中的右键菜单来快捷打开"贴紧"菜单选项，如图2-21所示。

（1）贴紧对齐

此功能主要是当我们在移动一个图形或元件靠近另一个元件时，会在其轮廓线上出现对齐的参考线，若不勾选这些功能，则此参考线不显示。

（2）贴紧至辅助线

要贴紧至辅助线就要先打开标尺功能拖出辅助线，然后移动图形贴紧辅助线，在移动图形时，注意鼠标在图形上的位置。如果单击图形靠上，则图形上边轮廓贴紧辅助线；如果鼠标位置居中移动图形时，则图形中心会吸附到辅助线上。鼠标按住图形右侧移动图形，则图形右边轮廓会吸附到辅助线上。

（3）贴紧至对象

选择贴紧至对象时，当移动一个图形靠近另一个图形时，会显示出吸附点，并吸附到另一个图形上，以防止图形碰撞。

（4）贴紧各类参数设置

通过更改贴紧方式参数，可以实现一个图形沿另一个图形轮廓一定像素位置移动，从而精确控制两个图形间的距离，在使用上也是比较灵活的。如图2-22所示为"编辑贴紧方式"对话框。

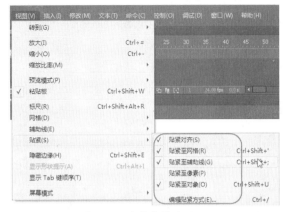

图2-21　贴紧菜单选项

图2-22　贴紧菜单选项

2.4　系统的优化设置

2.4.1　设置首选项

Flash可以设置常规应用程序操作、编辑操作和剪贴板操作的首选参数。

1. 设置常规首选参数

执行"编辑"|"首选参数"命令，弹出"首选参数"对话框，在"类别"列表中选择一个类别并从各个选项中进行选择，如图2-23所示。

2. 设置文本首选参数

在"类别"列表中选择"文本"选项，即可设置文本首选参数，如图2-24所示。

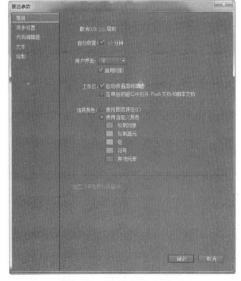

图2-23　设置首选参数

图2-24　设置文本首选参数

2.4.2 设置快捷键

若要与在其他应用程序中所使用的快捷键一致，或使工作流程更为流畅，选择键盘快捷键。默认情况下，Flash使用的是为应用程序设计的内置键盘快捷键。也可以选择几种图形应用程序中设置的内置键盘快捷键。

执行"编辑"|"快捷键"命令，弹出"键盘快捷键"对话框。在"键盘快捷键"对话框中，从"命令"弹出菜单中选择要查看的快捷键设置。如图2-25所示。

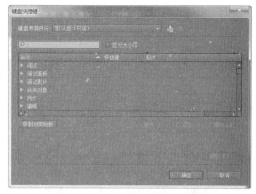

图2-25 "键盘快捷键"对话框

2.5 实战应用——利用模板制作简单的动画

模板的使用能提高动画的制作效率，下面讲述制作模板动画效果，如图2-26所示。制作模板动画的具体操作步骤如下。

原始文件：原始文件/CH02/模板.jpg

最终文件：最终文件/CH02/利用模板制作简单的动画.fla

图2-26 模板动画

01 执行"文件"|"新建"命令，在弹出的"从新建文档"对话框中切换至"模板"选项卡，在"模板"选项卡中选择"动画"|"补间动画的动画遮罩层"选项，如图2-27所示。

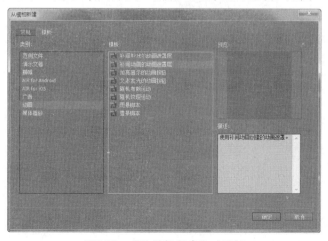

图2-27 "从模板新建"对话框

02 单击"确定"按钮，创建模板文档，如图2-28所示。

图2-28　从模板新建文档

03 选中内容层，按键盘中的Delete键删除图像，如图2-29所示。

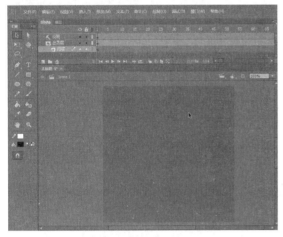

图2-29　删除图像

04 执行"文件"|"导入"|"导入到舞台"命令，弹出"导入"对话框，在该对话框中选择图像文件"模板.jpg"，如图2-30所示。

图2-30　"导入"对话框

05 单击"确定"按钮，导入图像，如图2-31所示。

图2-31　导入图像

06 执行"修改"|"文档"命令，弹出"文档设置"对话框，修改舞台大小，如图2-32所示。

图2-32　修改舞台大小

07 单击"确定"按钮，修改文档大小。单击选择"说明"图层，右击鼠标在弹出的列表中选择"删除图层"选项，如图2-33所示。

图2-33　选择"删除图层"选项

08 选择以后删除图层。单击选中遮罩层的100

帧，选择"任意变形工具"，调整矩形框大小，如图2-34所示。

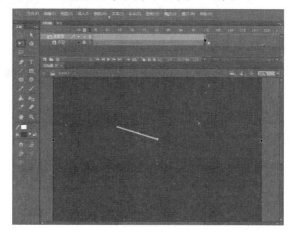

图2-34 调整矩形框大小

09 执行"文件"|"另存为"命令，如图2-35所示。

10 弹出"另存为"对话框，将"文件名"保存为"利用模板制作简单的动画.fla"，如图2-36所示。单击"保存"按钮，即可预览动画效果如图2-26所示。

图2-35 选择"另存为"命令

图2-36 "另存为"对话框

2.6 课后练习

一、填空题

1. 在Flash的_____对话框中可以设置文档大小、文档的背景颜色、设置帧频率等。

2. 要在屏幕上查看整个舞台，或要以高缩放比率查看绘图的特定区域，可以更改缩放比率级别。最大的缩放比率取决于显示器的_____和_____。

二、操作题

利用模板制作广告动画，如图2-37所示。

原始文件：原始文件/CH02/习题.jpg

最终文件：最终文件/CH02/下雨.fla

图2-37　起始文件

2.7　本课小结

本课介绍了Flash的文档基本操作、文档属性的设置、辅助工具的使用、系统的优化设置以及模板的使用。模板的使用能提高动画的制作效率，但是对于业余爱好者来说，使用机会不是很多，有大概了解就行。不过对于专业制作者，几个模板还是需要熟悉掌握，因为这些模板也会经常用到。

第3课
选择工具

本课导读

　　Flash中的"选择"工具使用频率非常高，几乎每次做动画时都要用到它，所以，了解它的用途并熟练掌握它是非常必要的。本课介绍在制作动画时对对象的各种编辑操作，包括选择、移动、复制、删除、变形、组合、排列、分离等。对象的编辑可以说是使用Flash制作动画的基本的和主体的工作，只有熟练掌握了编辑对象的方法和技巧，才能在后面的动画制作中得心应手。

技术要点
★　使用"选择"工具
★　使用"部分选取"工具
★　使用"套索"工具
★　使用"任意变形"工具

3.1 选择工具的使用

一般而言，对舞台中的对象进行编辑必须先选择对象。因此选择对象是最基本的操作。选择对象有很多种方法。Flash中提供了多种选择工具，主要有"选择"工具、"部分选取"工具和"套索"工具。

3.1.1 选择工具基本知识

"选择"工具 又称箭头工具，这是工具箱中使用最频繁的工具，主要用来对工作区中的对象进行选择和对一些线条、图形的形状进行修改。

选择"选择"工具会出现3个附属工具选项，如图3-1所示。

★ 贴紧至对象 ：选择此选项，绘图、移动、旋转以及调整的对象将自动对齐。此功能有助于将两个对象很好地连接在一起。

★ 平滑 ：此功能用于平滑被选中的线条，借此可以消除线条中的一些多余棱角。当选中一个线条后，可以多次单击此按

钮，对线条进行平滑处理，直到线条的平滑程度达到要求为止。平滑操作可以使曲线变柔和并减少曲线整体方向上的突起或其他变化，同时还会减少曲线中的线段数。

★ 伸直 ：此功能用于平直被选中的线条，借此可以消除线条中的一些多余弧度，当选中一个线条后，可以多次单击此按钮对线条进行平直处理，直到线条的平直程度达到要求为止。

图3-1 "选择"工具附属工具选项

3.1.2 课堂小实例——使用选择工具

在绘图操作过程中，用户常常需要选择将要处理的对象，然后对这些对象进行处理，而选择对象通常就是使用"选择"工具 。具体操作步骤如下。

01 在工具箱中选择"选择"工具 ，如果只想选择某一个对象，只需要使用选择工具指向该对象并单击键即可。如图3-2所示。

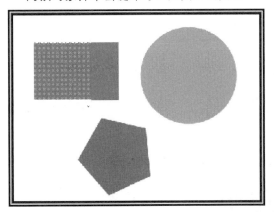

图3-2 选中线条的一部分

02 如果要选取整个对象，只需将箭头指向该对象的任何部位并双击即可。如图3-3所示。

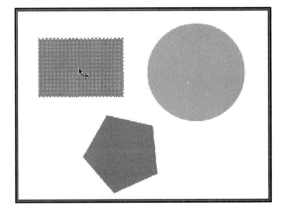

图3-3 选中线条

03 按住Shift键单击其他对象，可以选中多个对象，如图3-4所示。

如果要选取某一区域内的对象，将箭头

移到该区域，按住鼠标左键并向该区域右下方拖动，这时将出现一个矩形框。一旦放开左键，这个矩形框内的对象都将被选中。如果被选区域包括某一互相连接的实体的一部分，被选中的实体将与原实体断开连接而成为独立的对象。

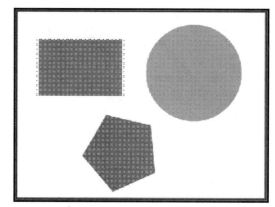

图3-4　选中多个线条

▌3.1.3　课堂小实例——改变线条或形状轮廓

要改变线条或形状轮廓，可以使用选择工具在线条上的任意点上拖动。此时指针会发生变化，以指明在该线条或填充上可以执行哪种类型的形状改变。

如果要移动图中的某一拐角点，可以将箭头移到该拐角点的区域，当箭头下方出现一个小直角样的拐角标志，说明拐角已被选中。按住左键并拖动鼠标，该拐角点将跟随鼠标移动。当拐角点移动到指定位置后，释放左键即可。Flash会调整线段的曲度来适应移动点的新位置。如图3-5和图3-6分别是移动拐角前后的效果。

如果想改变某一线段的曲线形状，可将箭头移向该线段，当箭头下方出现一个小弧样的曲线标志，表示该线段已被选中，按住左键并拖动鼠标，该线段将随着鼠标的移动而改变形状，当形状达到要求时，释放左键，相应的操作完成。如果在改变复杂线条的形状时遇到困难，可以把它处理得平滑，去除一些细节，这样就会使形状改变相对容易一些。提高缩放比率也可以使形状改变更方便且更准确，图3-7和图3-8分别是操作前后的示意图。

图3-5　移动拐角前

图3-7　拖动线条前

图3-6　移动拐角后

图3-8　拖动线条后

3.2 部分选取工具

除了"选择"工具外，还可以使用"部分选取"工具 ▶ 来选择对象。在修改对象的形状时使用"部分选取"工具 ▶ 有时会觉得更加得心应手。

■ 3.2.1　部分选取工具基本知识

"部分选取"工具 ▶ 可以选取并移动对象，除此之外，它还可以对图形进行变形等处理。当某一对象被"部分选取"工具选中后，它的图像轮廓线上将出现很多控制点，表示该对象已被选中，如图3-9所示。"部分选取"工具在选中路径之后，可对其中的控制点进行拉伸或修改曲线。

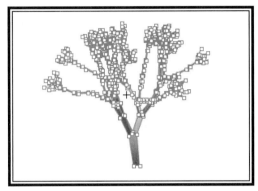

图3-9　"部分选取"工具选择形状路径

■ 3.2.2　课堂小实例——使用部分选取工具

使用"部分选取"工具 ▶ 调整形状，具体操作步骤如下。

01 新建一个空白文档，在工具箱中选择"椭圆"工具，按住Shift键绘制圆，如图3-10所示。

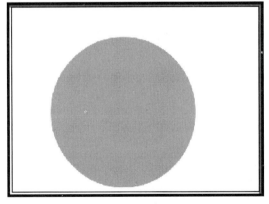

图3-10　绘制圆

02 在工具箱中选择"部分选取"工具，选中图形，此时出现某个方向上的控制点，如图3-11所示。

03 选择的图形对象周围将显示出由一些控制点围成的边框，用户可以选择其中一个控制点，拖动该点，轮廓会随之改变，从而完成对图形的修改操作，如图3-12所示。

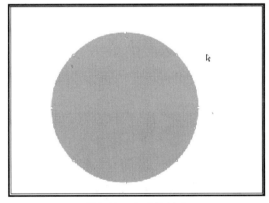

图3-11　出现控制点

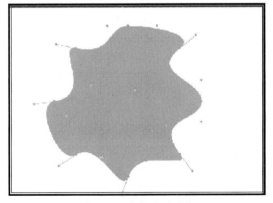

图3-12　改变图形形状

3.2.3 课堂小实例——修改控制点曲度和移动对象

修改控制点曲度和移动对象，具体操作步骤如下。

01 修改控制点曲度。选择某个控制点后，该点附近将出现两个在此点调节图形曲度的控制柄，此时空心的控制点将变为实心，可以拖动这两个控制柄，使其变长或改变位置以实现对该控制点的曲度控制，如图3-13所示。

02 移动对象。将"部分选取"工具靠近对象，当光标右下角出现黑色实心方块的时候，按下鼠标左键就可以拖动对象了，如图3-14所示。

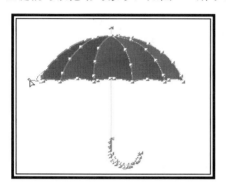

图3-13 使用"部分选取"工具修改控制点曲度

图3-14 使用"部分选取"工具移动对象

3.3 套索工具

使用"套索"工具 ⌀ 可以自由选定要选择的区域，而不是像"选择"工具那样将整个对象都选中。

3.3.1 套索工具基本知识

"套索"工具 ⌀ 是比较灵活的选取工具，使用"套索"工具可以自由选定要选择的区域。单击工具箱中的"套索"工具会出现3个工具选项，如图3-15所示。

图3-15 "套索"工具

★ "套索"工具 ⌀："套索"工具可以对图形进行选择，可以对图形的任意选择区域进行编辑。

★ "多边形"工具 ⛛：可以通过鼠标单击移动区域进行图形的选择。

★ "魔术棒" ⚡：根据颜色的差异选择对象的不规则区域。

3.3.2 课堂小实例——使用套索工具

使用"套索"工具 ⌀ 的具体操作步骤如下。

01 打开图像文件，为了便于"套索"工具的使用，按Ctrl＋B快捷键打散图像，如图3-16所示。

02 在工具箱中选择"套索"工具 ⌀，将光标置于要圈选的位置，按住鼠标左键不放进行拖动，直到全部将杯子圈选，如图3-17所示。

Flash 动画及游戏制作 课堂实录

03 释放鼠标左键，即可将鼠标拖动的区域选中，如图3-18所示。

图3-16 分离图像

图3-17 圈选被子

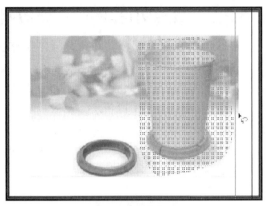

图3-18 选中杯子

在工作区中使用"套索"工具绘制出需要选择对象的区域，在选取过程中，需要注意以下几个问题：

★ 在划定区域时，如果勾画的边界没有封闭，"套索"工具会自动将其封闭。

★ 被"套索"工具选中的图形元素将自动融合在一起，而被选中的组和符号则不会发生融合现象。

★ 如果想逐一选择多个不连续区域，可以在选择的同时按下Shift键，然后使用套索工具逐一选中欲选区域。

3.4 任意变形工具

"任意变形"工具主要用于对各种对象进行变形处理，如拉伸、压缩、旋转、翻转和自由变形等。通过使用"任意变形"工具，用户可以将对象变形为自己需要的各种样式。

3.4.1 任意变形工具基本知识

选择"任意变形"工具会出现4个附属工具选项，如图3-19所示。

图3-19 "任意变形"工具

★ 旋转与倾斜：对选中对象进行旋转或倾斜操作。

★ 缩放：对选中对象进行放大或缩小操作。

★ 扭曲：对选中对象进行扭曲操作，只有在将对象分离后，此功能才有效，并且只对四角的控制点有效。

★ 封套：当选中此功能后，当前被选中的对象四周会出现更多的控制点，可以方便地对对象进行精确的变形操作。

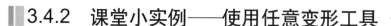
3.4.2　课堂小实例——使用任意变形工具

使用"任意变形"工具 ▦ 的具体操作步骤如下。

01 打开图像文件，在工具箱中选择"任意变形"工具 ▦，此时图像四周出现控制点，如图3-20所示。

02 将光标置于编辑对象的角上，然后单击并拖动鼠标，既可以顺时针方向也可以逆时针方向旋转对象，如图3-21所示。

图3-20　打开图像文件

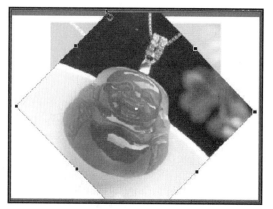

图3-21　旋转对象

3.5　实战应用——利用选择工具改变图像背景颜色

本节讲述利用"魔棒"工具多次单击导入的图像，选中背景，选择工具箱中的填充颜色，即可改变图像的背景颜色，如图3-22所示，具体操作步骤如下。

原始文件：原始文件/CH03/选择.jpg

最终文件：最终文件/CH03/利用选择工具改变图像背景颜色.fla

图3-22　改变背景

01 启动Flash CC，新建一空白文档。执行"文件"|"导入"|"导入到舞台"命令，弹出"导入"对话框，如图3-23所示。

图3-23　"导入"对话框

02 选择图像"选择.jpg"，单击"打开"按钮，导入图像文件，如图3-24所示。

03 执行"修改"|"文档"命令，弹出"文档设置"对话框，修改舞台大小，如图3-25所示。

图3-24　导入图像文件

图3-25　"文档设置"对话框

04 单击"确定"按钮，修改文档大小。按Ctrl+B快捷键分离图像，如图3-26所示。

图3-26　分离图像

05 选择工具箱中的"魔棒"工具，在舞台中单击选择区域，如图3-27所示。

06 按住键盘中的Shift键，选择"魔棒"工具，在舞台中选择多个区域，如图3-28所示。

图3-27　选择区域

图3-28　选择多个区域

07 在工具箱中单击"弹出颜色"按钮，在弹出的颜色列表框中选择合适的颜色，如图3-29所示。

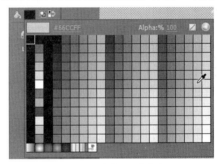

图3-29　选择背景颜色

08 选择以后，设置好背景颜色，如图3-30所示。

09 选择工具箱中的"套索"工具，在舞台中选择区域，如图3-31所示。

10 在工具箱中单击"弹出颜色"按钮，在弹出的颜色列表框中选择填充颜色，如图3-32所示。

图3-30　设置背景颜色

图3-31　选择区域

图3-32　填充区域

3.6　课后练习

一、填空题

1. Flash中提供了多种选择工具，主要有_____、_____和_____。

2. _____主要用于对各种对象进行变形处理，如拉伸、压缩、旋转、翻转和自由变形等。

二、操作题

利用Flash工具箱中的"选择"工具选择图像，如图3-33所示。

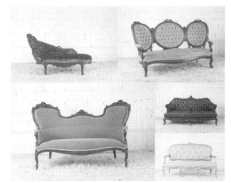

图3-33　选择图像

3.7 本课小结

本课主要介绍了Flash"选择"工具的使用，内容包括"选择"工具、"部分选取"工具、"套索"工具、"任意变形"工具。熟练掌握选择工具的使用也是Flash学习的关键。在学习和使用过程中，应当清楚各种选择工具的用途，为后面的动画制作做好准备工作。

第4课
绘图工具

本课导读

作为一款优秀的交互性矢量动画制作软件，丰富的矢量绘图和编辑功能是必不可少的。熟练掌握绘图工具的使用是Flash学习的关键。在学习和使用过程中，应当清楚各种工具的用途，灵活运用这些工具，可以绘制出栩栩如生的矢量图，为后面的动画制作做好准备工作。

技术要点
- ★ "线条"工具
- ★ "铅笔"工具
- ★ "钢笔"工具
- ★ "椭圆"和"基本椭圆"工具
- ★ "矩形"和"多角星形"工具
- ★ "刷子"工具
- ★ "墨水瓶"工具
- ★ "橡皮擦"工具

4.1 线条工具

在Flash的早期版本中，"线条"工具 ✏ 是作为"钢笔"工具的附属工具出现的，但是在Flash的不断应用过程中，"线条"工具的使用愈发频繁，因而它在绘图过程中的重要性也越来越明显。所以在以后的版本中，"线条"工具成为一个独立的工具，足以证明在动画制作过程中，"线条"工具的使用占有举足轻重的作用。

▎4.1.1 线条工具相关知识

在工具箱中选择"线条"工具 ✏ ，在"属性"面板中可设置直线的属性，如图4-1所示。

图4-1 "线条"工具的"属性"面板

在"线条"工具 ✏ 的"属性"面板中单击"编辑笔触样式"按钮 ✐ ，弹出"笔触样式"对话框，如图4-2所示。

图4-2 "笔触样式"对话框

在"笔触样式"对话框中可以设置以下参数。

★ 类型：包括"实线"、"虚线"、"点状线"、"锯齿线"、"点状线"和"斑马线"6个选项。

★ 4倍缩放：勾选此复选框，可以将自定义笔触样式以4倍的大小显示。

★ 粗细：用于设置线型粗细。

★ 锐化转角：用于设置在画出锐角笔触的地方，不使用预设的圆角呈现，而改用尖角。

▎4.1.2 课堂小实例——使用线条工具

"线条"工具 ✏ 是Flash中最基本、最简单的工具。使用"线条"工具可以绘制不同的颜色、宽度和形状。"线条"工具 ✏ 的具体使用方法如下。

01 启动Flash CC，执行"文件"|"新建"命令，弹出"新建文档"对话框，将"宽"设置为921，"高"设置为618，效果如图4-3所示。

图4-3 "新建文档"对话框

02 单击"确定"按钮，新建空白文档，如图4-4所示。

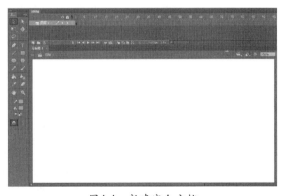

图4-4 新建空白文档

03 执行"文件"|"导入"|"导入到舞台"命令，弹出"导入"对话框，选择图像文件"直线工具.jpg"，效果如图4-5所示。

04 单击"打开"按钮，导入图像文件，如图4-6所示。

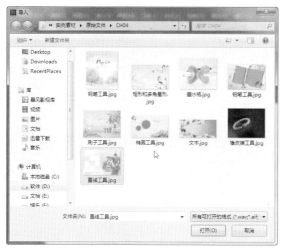

图4-5 "导入"对话框

图4-6 导入图像文件

05 选择工具箱中的"直线"工具，在图像上按住Shift键，拖动鼠标左键到合适的位置，释放鼠标左键，绘制直线，如图4-7所示。

图4-7 绘制直线

06 选中绘制的直线，在"线条"工具"属性"面板中设置笔触颜色为#999900，笔触大小为15，"样式"选择"点状线"，如图4-8所示。

图4-8 设置线条属性

4.2 铅笔工具

"铅笔"工具也是用来绘制线条和形状的。"铅笔"工具可以自由绘制图形，它的使用方法和真实铅笔的使用方法大致相同。要在绘图时平滑或伸直线条，可以给"铅笔"工具选择一种绘图模式。

"铅笔"工具和"线条"工具在使用方法上有许多相同点，但是也存在一定的区别，最明显的区别就是"铅笔"工具可以绘制出比较柔和的曲线。"铅笔"工具也可以绘制各种矢量线条，并且在绘制时更加灵活。

4.2.1 铅笔工具相关知识

选择工具箱中的"铅笔"工具 会出现"铅笔模式"附属工具选项，有3种模式可供选择，如图4-9所示。通过它可以选择Flash修改所绘笔触的模式。

图4-9 "铅笔"工具

★ 伸直：这是"铅笔"工具中功能最强的一种模式，它具有很强的线条形状识别能力，可以对所绘线条进行自动校正，将绘制的近似直线取直，平滑曲线，简化波浪线，自动识别椭圆、矩形和半圆等。它还可以绘制直线，并将接近三角形、椭圆、矩形和正方形的形状转换为这些常见的几何形状。

★ 平滑：适用于绘制平滑图形，在绘制过程中会自动将所绘图形的棱角去掉，转换成接近形状的平滑曲线，使绘制的图形趋于平滑、流畅。

★ 墨水：使用此模式绘制的线条就是绘制过程中鼠标所经过的实际轨迹，此模式可以在最大程度上保持实际绘出的线条形状，而只做轻微的平滑处理。

伸直模式、平滑模式和墨水模式的效果分别如图4-10、图4-11和4-12所示。

图4-10　伸直模式　　　　　图4-11　平滑模式　　　　　图4-12　墨水模式

4.2.2　课堂小实例——使用铅笔工具

"铅笔"工具可以绘制任意形状的线条。使用"铅笔"工具绘制图形的具体操作步骤如下。

01 启动Flash CC，执行"文件"|"新建"命令，弹出"新建文档"对话框，将"宽"设置为921，"高"设置为618，效果如图4-13所示。

图4-13　"新建文档"对话框

02 单击"确定"按钮，新建空白文档，如图4-14所示。

03 执行"文件"|"导入"|"导入到舞台"命令，弹出"导入"对话框，选择图像文件"铅笔工具.jpg"，效果如图4-15所示。

 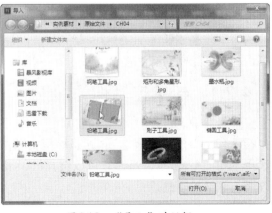

图4-14　新建空白文档　　　　　图4-15　"导入"对话框

04 单击"打开"按钮，导入图像文件，如图4-16所示。

05 拖动鼠标左键到合适的位置，释放鼠标左键，绘制一个心形，如图4-17所示。

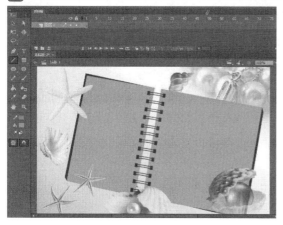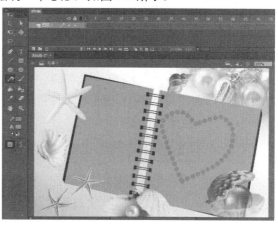

图4-16　导入图像文件　　　　　　　　　　图4-17　绘制一个心形

06 单击选中图层2，在"线条"工具"属性"面板中设置笔触颜色为白色＃FFFFFF，笔触大小为15，"样式"选择"斑马线"，如图4-18所示。

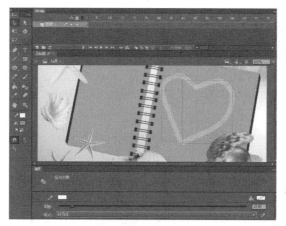

图4-18　设置颜色为白色

4.3 钢笔工具

　　　　要绘制精确的路径，如直线或平滑、流动的曲线，可以使用"钢笔"工具 。"钢笔"工具又叫贝塞尔曲线工具，它是许多绘图软件广泛使用的一种重要工具。Flash引入了这种工具之后，充分增强了Flash的绘图功能。

　　"钢笔"工具不但具有"铅笔"工具的特点——可以绘制曲线，而且还可以绘制闭合的曲线。同时，"钢笔"工具又可以像"线条"工具一样绘制出所需要的直线，甚至还可以对绘制好的直线进行曲率调整，使之变为相应的曲线。但"钢笔"工具并不能完全取代"线条"工具和"铅笔"工具，毕竟它在绘制直线和各种曲线的时候没有"线条"工具和"铅笔"工具方便，但在绘制一些要求很高的曲线时，最好使用"钢笔"工具。

▌4.3.1　钢笔工具基本知识

　　在工具箱中选择"钢笔"工具 ，这时鼠标在工作区中将变为一个钢笔形状。选择"钢笔"工具后，其"属性"面板如图4-19所示。使用"属性"面板可以设置线条的颜色、宽度和笔触样式等内容。设置好"钢笔"工具的笔触颜色、宽度和笔触样式等参数后，即可在舞台中绘制相应的线条。

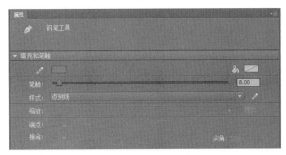

图4-19　"钢笔"工具的"属性"面板

使用"钢笔"工具 📝 可以绘制直线、曲线、直线与曲线混合等几种情况，并且还可以调整绘制的曲线和轮廓的形状。

▌4.3.2　课堂小实例——使用钢笔工具

"钢笔"工具用于绘制路径，可以创建直线或曲线段，然后调整直线段的角度和长度以及曲线段的斜率。使用"钢笔"工具绘制线段的具体操作步骤如下。

`01` 新建文档，导入图像文件"钢笔工具.jpg"，选择工具箱中的"钢笔"工具 📝，在舞台上单击确定一个锚记点起始位置。如图4-20所示。

`02` 在确定点的左右方向单击，直线路径上或曲线路径结合处的锚记点被称为转角点，转角点以小方形显示，如图4-21所示。

图4-20　确定锚点起始位置

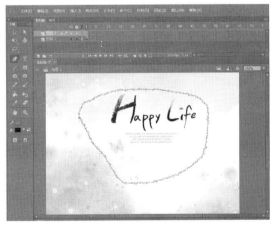

图4-21　钢笔路径

4.4　椭圆工具

虽然"钢笔"和"铅笔"工具有时也能绘制出椭圆，但在具体使用过程中，如要绘制椭圆，直接利用"椭圆"工具将大大提高绘图的方便性和效率。"椭圆"工具可用来绘制椭圆和正圆，用户不仅可以任意选择轮廓线的颜色、线宽和线型，还可以任意选择轮廓线的颜色和圆的填充色。

▌4.4.1　椭圆工具相关知识

单击工具箱中的"椭圆"工具 ⬭，这时舞台中的鼠标将变成十字，这说明此时已经激活了"椭圆"工具，可以在舞台中绘制椭圆了。

当选中"椭圆"工具 ⬭ 时，Flash的"属性"面板中将出现与"椭圆"工具有关的属性，如图4-22所示。如果不想使用默认的绘制属性进行绘制，可以对绘制属性进行设置。包括所绘出椭圆的填充颜色、笔触、样式、椭圆开始角度和结束角度。

图4-22 "椭圆"工具的"属性"面板

4.4.2 课堂小实例——使用椭圆工具

设置好所绘椭圆的属性后，就可以开始绘制椭圆了。将鼠标移动到工作区中，在所绘椭圆的大概位置按住鼠标左键不放，然后沿着要绘制的椭圆方向拖动鼠标，在适当位置释放鼠标左键，完成上述操作后，工作区中就会自动绘制出一个有填充色和轮廓的椭圆。使用"椭圆"工具◉的具体操作步骤如下。

01 新建文档，导入图像文件"椭圆工具.jpg"，在工具箱中选择"椭圆"工具◉。如图4-23所示。

02 在"属性"面板，将"笔触颜色"设置为"无"，"填充颜色"设置为#999900，如图4-24所示。

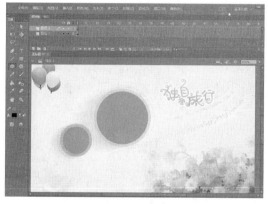

图4-23 选择椭圆工具

图4-24 设置"属性"面板

03 在要开始绘制椭圆的左上角位置单击鼠标，向右下角拖动鼠标，绘制一个椭圆，如图4-25所示。

04 在工具箱中选择"椭圆"工具，在"属性"面板中设置相应的参数，在椭圆的旁边再绘制一个椭圆，如图4-26所示。

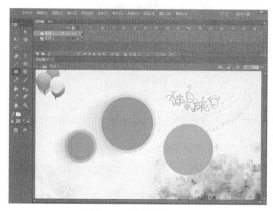

图4-25 绘制椭圆

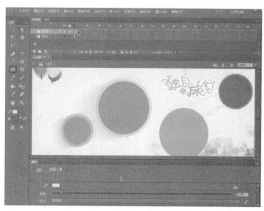

图4-26 绘制椭圆

4.5 矩形和多角星形工具

"矩形"工具和"多角星形"工具也是几何形状绘制工具，用于创建各种比例的矩形和多边形，其使用方法与"椭圆"工具相似。

4.5.1 矩形和多角星形工具相关知识

"矩形"工具和"椭圆"工具类似，都可以在使用时设置线条色和填充色。与"铅笔"工具、"钢笔"工具和"线条"工具类似的是，该工具绘制的图形轮廓分别是由多条直线段组成的。

"矩形"工具是从椭圆工具扩展出来的一种绘图工具，其用法与"椭圆"工具基本相同，利用它除了可以绘制矩形外，还可以绘制出带有一定圆角的矩形。这是一个非常方便的功能，省去了使用其他工具绘制圆角矩形的麻烦。当选中"矩形"工具时，"属性"面板上将出现"矩形"工具的相关属性，如图4-27所示。

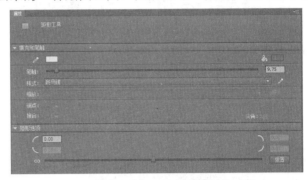

图4-27 "矩形"工具的"属性"面板

"多角星形"工具则是"矩形"工具的扩展，使用该工具可以很方便地绘制出多边形。"多角星形"工具的用法与"矩形"工具基本一样，所不同的是在"属性"面板中多了一个"选项"按钮，如图4-28所示。

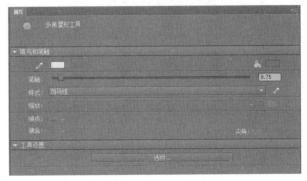

图4-28 "多角星形"工具的"属性"面板

在面板中单击"选项"按钮，弹出"工具设置"对话框，如图4-29所示，在对话框中可以设置多边形的样式、边数及星形顶点角度的大小。

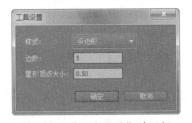

图4-29 "工具设置"对话框

4.5.2 课堂小实例——使用矩形和多角星形工具

使用"矩形"工具和"多角星形"工具的具体操作步骤如下。

01 新建文档，导入图像文件"矩形和多角星形.jpg"，在工具箱中选择"矩形"工具。如图4-30所示。

02 在"属性"面板，将"笔触颜色"设置为＃FFFF00，"填充颜色"设置为＃66CC00，在舞台中绘制矩形，如图4-31所示。

图4-30 选择"矩形"工具

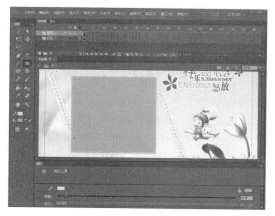

图4-31 绘制矩形

03 选择工具箱中的"多角星形"工具,在选项栏中单击"选项"按钮,如图4-32所示。

04 弹出"工具设置"对话框,"样式"选择"星形",如图4-33所示。

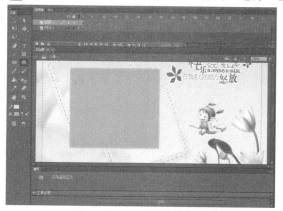

图4-32 单击"选项"按钮

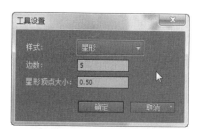

图4-33 "工具设置"对话框

05 将填充颜色设置为红色,笔触设置为3,"样式"选择"虚线",如图4-34所示。

06 在舞台中按住鼠标左键绘制星形,如图4-35所示。

图4-34 设置属性

图4-35 绘制星形

4.6 刷子工具

使用"刷子"工具能绘制出刷子般的笔触,就好像在涂色一样。它可以创建特殊效果，包括书法效果。"刷子"工具 ✏ 可以在已有图形或空白工作区中绘制不同颜色、大小和形状的矢量块图形，能绘制画笔般的笔触，就像涂色一样。

4.6.1　刷子工具相关知识

在工具箱中选择"刷子"工具 ✏ 会出现5个附属工具选项，如图4-36所示。

★　填充锁定 🔒：控制刷子在具有渐变的区域涂色。若打开此功能，整个舞台成一个大型渐变，而每个笔触只是显示所在区域的一部分渐变。若封闭此功能，每个笔触都将显示整个渐变。

★　刷子模式 ⊙：在其下拉列表中包括"标准绘画"、"颜料填充"、"后面绘画"、"颜料选择"和"内部绘画"5个选项，如图4-37所示。

◆　标准绘画：默认的绘制模式，可对同一层的线条和填充涂色。选择了此模式后，绘制后的颜色会覆盖在原有的图形上。

◆　颜料填充：只对填充区域和空白区域涂色，而笔触不受到任何影响。选择了此模式后，所绘制的图形只将已有图形的填充区域覆盖掉，而笔触部分仍保留不被覆盖。

◆　后面绘画：对舞台同一层的区域进行涂色，绘制出来的图形始终位于已有图形的下方，不影响当前图形的线条和填充。

◆　颜料选择：它只对选区内的图形产生作用，而选区之外的图形不会受到影响，就跟简单地选择一个填充区域并应用新填充一样。

◆　内部绘画：它绘制的区域限制在落笔时所在位置的填充区域中，但不对线条涂色。如果在空白区域中开始涂色，该填充不会影响任何现有填充区域。

★　刷子大小 ■：在其下拉列表中选择刷子的尺寸，如图4-38所示。

★　刷子形状 ⬤：在其下拉列表中选择刷子的形状，如图4-39所示。

　　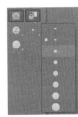　

图4-36　附属工具　　　图4-37　刷子模式　　　图4-38　刷子大小　　　图4-39　刷子形状

4.6.2　课堂小实例——使用刷子工具

下面通过实例讲述使用"刷子"工具 ✏ 的使用，具体操作步骤如下。

01 新建文档，导入图像文件"刷子工具.jpg"，在工具箱中选择"刷子"工具 ✏，如图4-40所示。

02 拖动鼠标在图像中进行绘制，效果如图4-41所示。

图4-40　选择"刷子"工具　　　　　　图4-41　进行绘制

4.7 墨水瓶工具

"墨水瓶"工具🔧用于创建形状边缘的轮廓，并可设定轮廓的颜色、宽度和样式，此工具仅影响形状对象。

4.7.1 墨水瓶工具相关知识

当选中"墨水瓶"工具🔧时，"属性"面板上将出现与"墨水瓶"工具🔧有关的属性，可以看到，该"属性"面板与"铅笔"工具的"属性"面板一样。如图4-42所示。

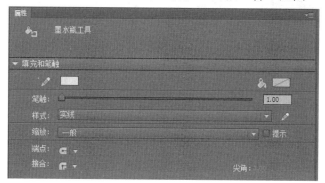

图4-42 "墨水瓶"工具的"属性"面板

4.7.2 课堂小实例——使用墨水瓶工具

"墨水瓶"工具🔧用于在绘图中更改线条和轮廓线的颜色和样式。它不仅能够在选定图形的轮廓线上加上规定的线条，还可以改变一条线段的粗细、颜色、线型等，并且可以给打散后的文字和图形加上轮廓线。下面讲解"墨水瓶"工具🔧的使用方法，具体操作步骤如下。

01 新建文档，导入图像文件"墨水瓶.jpg"，如图4-43所示。

02 按两次Ctrl+B快捷键分离图像，如图4-44所示。

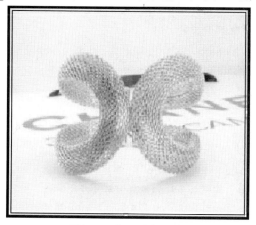

图4-43 导入图像文件

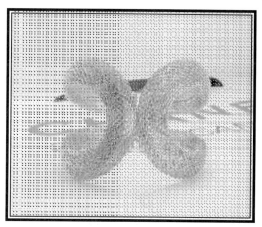

图4-44 分离图像

03 选择工具箱中的"墨水瓶"工具，将鼠标指针移到舞台中，将发现它变成了一个墨水瓶形状，表明此时已经激活了"墨水瓶"工具，在"属性"面板中设置参数，如图4-45所示。

04 可以对线条进行修改或者给无轮廓图形添加轮廓了，使用"墨水瓶"工具改变轮廓线颜色，效果如图4-46所示。

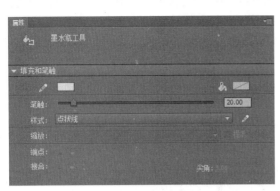

图4-45 设置参数

图4-46 填充

4.8 橡皮擦工具

"橡皮擦"工具 可以擦除图形的线条和颜色，还可以进行自定义，使用"橡皮擦"工具只擦除线条或者内部颜色等。

4.8.1 橡皮擦工具相关知识

选择"橡皮擦"工具 后，在工具箱的下部会出现3个附属工具选项，如图4-47所示。

★ 橡皮擦模式 ：用于擦除区域，包括"标准擦除"、"擦除填色"、"擦除线条"、"擦除所选填充"和"内部擦除"5个选项，如图4-48所示。

图4-47 附属工具　　图4-48 橡皮擦模式

◆ 标准擦除：可以擦除同一图层上的笔触和填充。此模式是Flash的默认工作模式，原图如图4-49所示，其擦除效果如图4-50所示。

图4-49 原图

图4-50 标准擦除

◆ 擦除填色：只擦除图形的内部填充颜色，对图形的外轮廓线不起作用，此模式的擦除效果如图4-51所示。

图4-51 擦除填色

◆ 擦除线条：只擦除图形的外轮廓线，对图形的内部填充颜色不起作用，此模式的擦除效果如图4-52所示。

◆ 擦除所选填充：只擦除图形中事先被选中的内部区域，其他没有被选中的区域不会被擦除，不影响笔触（不管笔触是否被选中），此模式的擦除效果如图4-53所示。

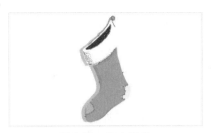

图4-52 擦除线条

图4-53 擦除所选填充

◆ 内部擦除：只擦除橡皮擦笔触开始处的填充。如果从空白点开始擦除，则不会擦除任何内容。以这种模式使用橡皮擦并不影响笔触。

★ 水龙头 ：可以直接清除所选取的区域，使用时只需单击笔触或填充区域，就可以擦除笔触或填充区域。

★ 橡皮擦形状：设置橡皮擦的形状以进行精确的擦除，如图4-54所示。

图4-54 "橡皮擦"工具的"属性"面板

4.8.2 课堂小实例——使用橡皮擦工具

"橡皮擦"工具 的具体操作步骤如下。

01 新建文档，导入图像文件"橡皮擦工具.jpg"，选择工具箱中的"橡皮擦"工具，如图4-55所示。

02 选择"内部擦除"选项，并选择"橡皮擦形状"，按住鼠标左键，在舞台中擦除图像，如图4-56所示。

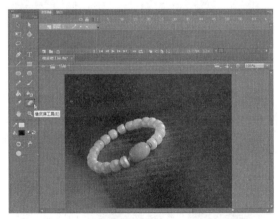

图4-55 打开文档

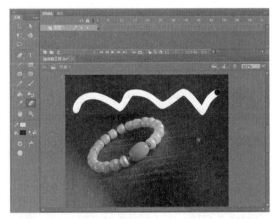

图4-56 擦除图像

4.9 实战应用

前面介绍了基本绘图工具的属性以及一些基本的操作，通过本课的学习，读者应该已经掌握了绘图工具的使用方法。下面通过几个实例帮助用户熟练掌握矢量图绘制的技巧及绘图工具的综合应用。

4.9.1 实例1——利用墨水瓶工具制作空心文本

下面讲述利用墨水瓶工具制作精美文本效果，如图4-57所示，具体操作步骤如下。

原始文件：原始文件/CH04/文本.jpg
最终文件：最终文件/CH04/空心文本.fla

图4-57 制作空心文本

01 启动Flash CC，新建一空白文档。执行"文件"|"导入"|"导入到舞台"命令，弹出"导入"对话框，如图4-58所示。

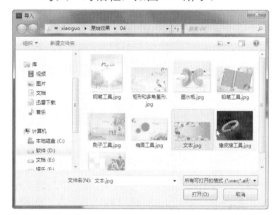

图4-58 "导入"对话框

02 选择图像"文本.jpg"，单击"打开"按钮，导入图像文件，如图4-59所示。

图4-59 导入图像文件

03 执行"修改"|"文档"命令，弹出"文档设置"对话框，修改舞台大小，如图4-60所示。

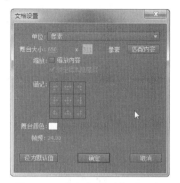

图4-60 "文档设置"对话框

04 单击"确定"按钮，修改文档大小。单击"新建图层"按钮，新建一图层2，如图4-61所示。

图4-61 新建图层

05 选择工具箱中的"文本工具"，在舞台中输入文本，如图4-62所示。

图4-62 输入文本

06 选择输入的文本按两次Ctrl+B快捷键分离图像，如图4-63所示。

图4-63　分离图像

07 选择工具箱中的"墨水瓶"工具，在"属性"面板中设置其参数，如图4-64所示。

图4-64　设置参数

08 在文字的边缘进行单击，为文字添加边框效果如图4-65所示。

图4-65　添加边框效果

09 选择工具箱中的"选择工具"，在舞台中选择输入的黑色文本，如图4-66所示。

图4-66　选择文本

10 按键盘上的Delete键进行删除，即可设置文本为空心，如图4-67所示，至此空心文字效果制作完成。

图4-67　删除文本

4.9.2　实例2——绘制深海鱼

下面讲述利用绘图工具绘制深海鱼效果，如图4-68所示，具体操作步骤如下。

最终文件：最终文件/CH04/深海鱼.fla

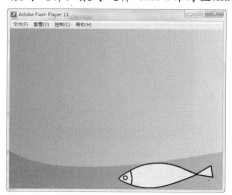

图4-68　深海鱼效果

01 启动Flash CC，新建一空白文档，如图4-69所示。

图4-69 新建文档

02 选择工具箱中的"矩形"工具，绘制矩形，如图4-70所示。

图4-70 绘制矩形

03 执行"窗口"|"颜色"命令，打开"颜色"面板，设置渐变的颜色，如图4-71所示。

图4-71 设置渐变的颜色

04 选择工具箱中的"颜料桶"工具，在舞台中单击填充颜色，如图4-72所示。

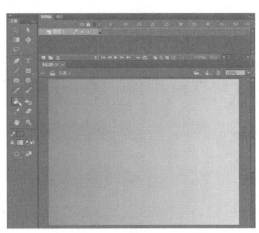

图4-72 填充颜色

05 单击时间轴底部的新建图层按钮，新建一个图层2，如图4-73所示。

图4-73 新建图层

06 选择工具箱中的"矩形"工具，在舞台中绘制矩形，如图4-74所示。

图4-74 绘制矩形

07 选中矩形，执行"修改"|"分离"命令，将矩形分离为形状，如图4-75所示。

图4-75　分离形状

08 选择工具箱中的"选择"工具，调整矩形的形状，效果如图4-76所示。

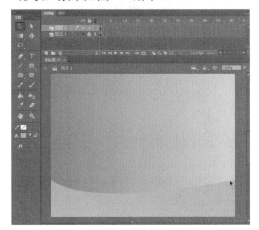

图4-76　调整矩形的形状效果

09 选中矩形，执行"窗口"|"颜色"命令，打开"颜色"面板，在面板中设置渐变的颜色和渐变的方式，选择工具箱中的"颜料桶"工具，在舞台中单击填充颜色，如图4-77所示。

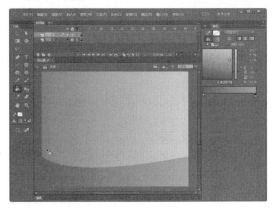

图4-77　设置渐变颜色

10 单击新建图层按钮，在图层1的上面新建图层2。选择工具箱中的"椭圆"工具，如图4-78所示。

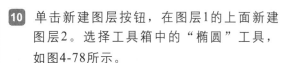
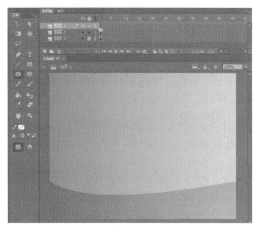

图4-78　选择"椭圆"工具

11 在舞台中按住鼠标左键，绘制椭圆，如图4-79所示。

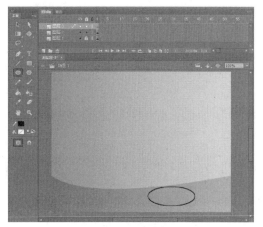

图4-79　绘制椭圆

12 按键盘上的Ctrl+B快捷键打散图形，如图4-80所示。

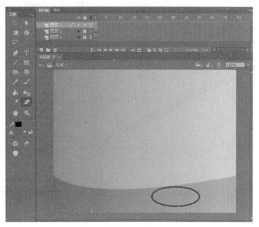

图4-80　分离图形

13 选择工具箱中的"选择工具",调整绘制的椭圆形状,如图4-81所示。

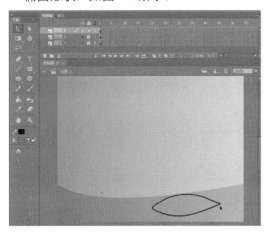

图4-81 调整绘制的椭圆形状

14 选择工具箱中的"椭圆工具",在舞台中按住鼠标左键绘制椭圆,如图4-82所示。

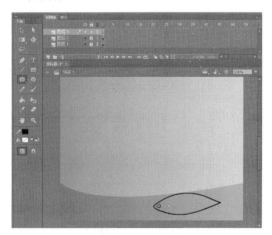

图4-82 绘制椭圆

15 选择工具箱中的"铅笔工具",在舞台中绘制线条,如图4-83所示。

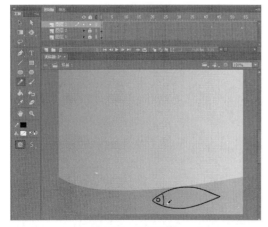

图4-83 绘制线条

16 选择工具箱中的"多角星形工具",在选项栏中单击"选项"按钮,如图4-84所示。

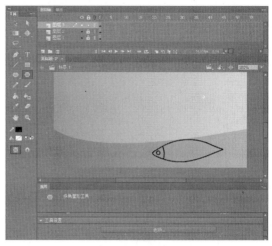

图4-84 单击"选项"按钮

17 弹出"工具设置"对话框,将"边数"设置为3,如图4-85所示。

图4-85 "工具设置"对话框

18 单击"确定"按钮,设置好边数。在舞台中绘制一个三角形,如图4-86所示。

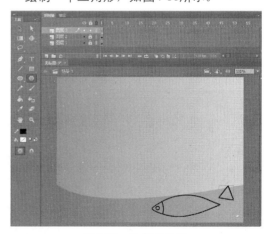

图4-86 绘制三角形

19 选择工具箱中的"部分选择工具",将其拖动到合适的位置,并调整其形状,如图4-87所示。

20 选择工具箱中的"颜料桶工具"，将填充颜色设置为＃FFF700，在金鱼上单击填充颜色，如图4-88所示。

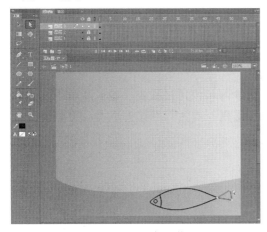

图4-87 调整形状

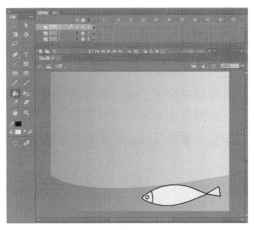

图4-88 填充颜色

4.10 课后练习

一、填空题

1. "椭圆"工具可用来绘制椭圆和正圆，用户不仅可以任意选择轮廓线的颜色、线宽和线型，还可以任意选择轮廓线的颜色和圆的填充色。但是边界线只能定义_____，而填充区域则可以定义使用_____或_____的渐变色。

2. "橡皮擦"工具可以擦除图形的线条和颜色，还可以进行自定义，使用"橡皮擦"工具只擦除_____或_____等。

二、操作题

利用Flash绘图工具绘制一棵大树的效果，如图4-89所示。

图4-89 绘制大树效果

4.11

本课主要介绍了Flash矢量绘图工具的使用，包括"线条"工具、"矩形"工具、"多边形"工具、"椭圆"工具、"铅笔"工具、"刷子"工具、"钢笔"工具、"墨水瓶"工具。

熟练掌握绘图工具的使用是Flash学习的关键。在学习和使用过程中，应当清楚各种工具的用途，例如绘制曲线时可以使用"椭圆"和"钢笔"工具。灵活运用这些工具，可以绘制出栩栩如生的矢量图，为后面的动画制作做好准备工作。

第5课
填充颜色工具

本课导读

　　当选中图形的同时选取颜色，即可更改图形中的笔触颜色或者填充颜色。如果在没有选中图形，而又想将设置好的颜色应用于图形的边缘或者内部时，就可以使用相应的工具进行填充。Flash CC可让使用RGB或HSB颜色模型应用、创建和修改颜色。使用默认调色板或自己创建的调色板，可以选择应用于待创建对象或舞台中现有对象的笔触或填充的颜色。

技术要点

★ "颜料桶"工具
★ "颜色"工具
★ "滴管"工具
★ "选项"工具

5.1 颜料桶工具

"颜料桶"工具 有3种填充模式：即单色填充、渐变填充和位图填充。通过选择不同的填充模式，可以使用"颜料桶"工具 制作出不同的视觉效果。

5.1.1 颜料桶工具相关知识

可以用"颜料桶"工具给工作区内有封闭区域的图形填色，如果进行适当的设置，颜料桶还可以给一些没有完全封闭但接近于封闭的图形区域填充颜色。单击工具箱中的"颜料桶"工具，"颜料桶"工具被选中，光标在工作区中将变成一个小颜料桶，此时表示"颜料桶"工具已经被激活，如图5-1所示。

图5-1 激活颜料桶工具

在工具栏的选项面板内，还有一些针对"颜料桶"工具特有的附加功能选项，如图5-2所示。

图5-2 "颜料桶"工具的附加选项

★ 空隙大小 ：单击它将弹出一个下拉列表框，可以在此选择"颜料桶"工具判断近似封闭的空隙宽度，空隙大小下拉列表如图5-3所示。

图5-3 "空隙大小"下拉列表

◆ 不封闭空隙：在使用颜料桶填充颜色前，Flash将不会自行封闭所选区域的任何空隙。也就是说，所选区域的所有未封闭的曲线内将不会被填色。

◆ 封闭小空隙：在使用颜料桶填充颜色前，会自行封闭所选区域的小空隙。也就是说，如果所填充区域不是完全封闭的，但是空隙很

小，则Flash会近似地将其判断为完全封闭而进行填充。

◆ 封闭中等空隙：在使用颜料桶填充颜色前，会自行封闭所选区域的中等空隙。也就是说，如果所填充区域不是完全封闭的，但是空隙大小中等，则Flash会近似地将其判断为完全封闭而进行填充。

◆ 封闭大空隙：在使用颜料桶填充颜色前，自行封闭所选区域的大空隙。也就是说，如果所填充区域不是完全封闭的，而且空隙尺寸比较大，则Flash会近似的将其判断为完全封闭而进行填充。

★ 锁定填充 ：单击该按钮，可锁定填充区域。其作用和刷子工具的附加功能中的填充锁定功能相同。

5.1.2 课堂小实例——使用颜料桶工具

本节通过实例来讲述"颜料桶"工具的应用，具体操作步骤如下。

01 新建一个空白文档，选择工具箱中的"椭圆工具"，在舞台中绘制椭圆，效果如图5-4所示。

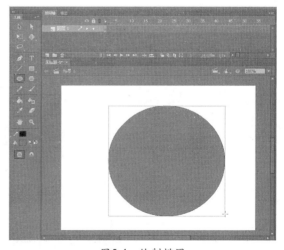

图5-4 绘制椭圆

02 选择工具箱中的"颜料桶工具"，单击填充颜色图标，在弹出的列表框中选择合适的颜

色，如图5-5所示。

设置完属性后，可以开始使用"颜料桶"工具向指定区域填充颜色。在工作区中，在需要填充颜色的封闭区域内单击鼠标，即可在指定区域内填充颜色。

如果颜料桶的作用对象是矢量图形，则可以直接给其填充。如果将要作用的对象是文本或点阵图，则需要先将其分离，然后才可以用"颜料桶"工具对其进行填充。

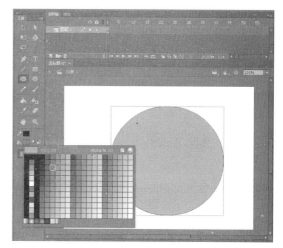

图5-5 填充颜色

5.2 笔触颜色与填充颜色

通过使用"工具"面板或"属性"面板中的"笔触颜色"和"填充颜色"控件，可以指定图形对象和形状的笔触颜色和填充颜色。

5.2.1 笔触颜色与填充颜色相关知识

"工具"面板的"笔触颜色"和"填充颜色"部分包含用于激活"笔触颜色"和"填充颜色"框的控件，而这些框又将确定选定对象的笔触或填充是否受到颜色选择的影响。"颜色"部分也包含一些控件，可用于将颜色快速重置为默认值、将笔触颜色和填充颜色设置为"无"以及交换填充颜色和笔触颜色，如图5-6所示。

"属性"面板不仅可为图形对象或形状选择笔触颜色和填充颜色，还提供了用于指定笔触宽度和样式的控件，如图5-7所示。

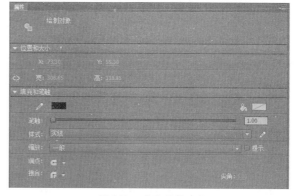

图5-6 "工具"面板   图5-7 "属性"面板

5.2.2 课堂小实例——改变笔触颜色和填充颜色

"工具"面板"笔触颜色"和"填充颜色"控件可设置用绘画和涂色工具创建的新对象的涂色属性。若要用这些控件来更改现有对象的涂色属性，必须首先在舞台中选择对象。具体操作步骤如下。

01 新建文档，选择工具箱中的"多角星形"工具，在舞台中绘制五角星，选择工具箱中的"选择"工具，在舞台中单击选中边框，效果如图5-8所示。

02 打开"属性"面板，设置"笔触"大小为10，笔触"样式"为"点刻线"，笔触颜色为黄色，如图5-9所示。

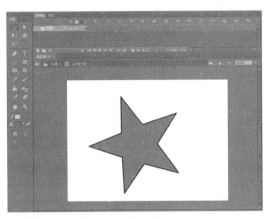

图5-8　选择边框

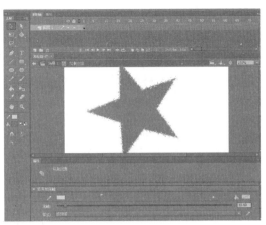

图5-9　设置"属性"面板

03 在舞台中单击五角星，即可选中填充颜色，效果如图5-10所示。

04 在"属性"面板中单击"填充颜色"按钮，在弹出的列表中选择填充颜色，如图5-11所示。

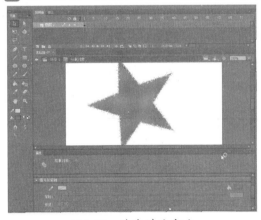

图5-10　选中填充颜色

图5-11　设置填充颜色

5.3 滴管工具

　　"滴管"工具 ✐ 就是吸取某种对象颜色的管状工具。在Flash CC中"滴管"工具的作用是采集某一对象的色彩特征，以便应用到其他对象上。

5.3.1　滴管工具相关知识

　　单击工具箱中的"滴管"工具，此时光标就会变成一个滴管状，表明此时可以使用"滴管"工具，可以在图像上中拾取某种颜色了，如图5-12所示。

　　当使用"滴管"工具时，将滴管的光标先移动到需要采集色彩特征的区域上，然后在需要某种色彩的区域上单击鼠标左键，即可将滴管所在那一点具有的颜色采集出来，接着移动到目标对象上，再单击左键，这样，刚才所采集的颜色就被填充到目标区域了。

图5-12 激活"滴管"工具

图5-13 采集颜色

5.3.2 课堂小实例——使用滴管工具

使用"滴管"工具的具体操作步骤如下。

01 选择工具箱中的"滴管"工具，单击进行采集，同时调出墨水瓶，墨水瓶当前的颜色就是所采集的颜色，如图5-13所示。

02 选择工具箱中的"椭圆工具"，在舞台中绘制填充颜色即为刚刚采集到的颜色，如图5-14所示。

图5-14 绘制椭圆

5.4 渐变填充

渐变填充一般在"颜色"面板中进行调配，它不仅可以对线条的颜色进行调配，还可以对填充色进行调配。

5.4.1 渐变填充相关知识

在Flash中除了可以使用"颜料桶"工具为对象的面填充单色外，还可以为对象填充渐变颜色。"渐变变形"工具█主要用于对对象进行各种方式的填充颜色变形处理，可以实现立体、光线等效果。

在为现有图形添加渐变效果，最快捷的方法就是执行"窗口"|"颜色"命令，打开"颜色"面板，如图5-15所示。在面板中单击"填充颜色"按钮，在"类型"下拉列表中可以选择填充样式。

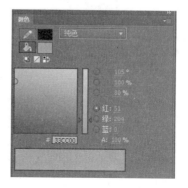

图5-15 "颜色"面板

5.4.2　课堂小实例——使用渐变变形工具

"渐变变形"工具主要用于对对象进行各种方式的填充颜色变形处理，如选择过渡色、旋转颜色和拉伸颜色等。通过使用"渐变变形"工具，用户可以将选择对象的填充颜色处理为需要的各种色彩。"渐变变形"工具█具体操作步骤如下。

01 新建一空白文档，打开"颜色"面板，选择"径向渐变"，设置渐变颜色，如图5-16所示。

02 选择工具箱中的"椭圆工具"，在舞台中绘制一椭圆，如图5-17所示。

图5-16　设置渐变颜色

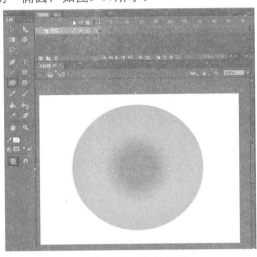

图5-17　绘制椭圆

03 选择工具箱中的"渐变变形工具"，将光标放置在对象上单击，图像周围出现"渐变变形"工具的控制手柄，如图5-18所示。

04 通过调节控制手柄向上下和向左右来调节，即可将对象填充区域扩大，如图5-19所示。

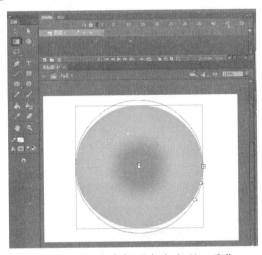

图5-18　选择"渐变变形工具"

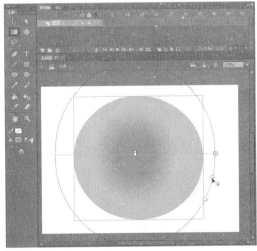

图5-19　调节对象的填充变形

5.5　实战应用

由于在Flash动画制作中经常要用到颜色的填充和调整，因此，熟练使用该工具也是掌握Flash的关键之一。

5.5.1 实例1——绘制精美花朵

下面讲述利用绘图工具绘制精美花朵效果，如图5-20所示，具体操作步骤如下。

最终文件：最终文件/CH05/绘制一朵花.fla

01 启动Flash CC，新建一空白文档，如图5-21所示。

图5-20 绘制花朵效果

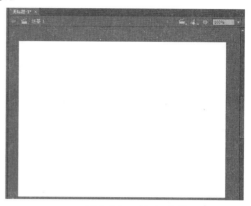

图5-21 新建文档

02 选择"矩形"工具，将填充颜色设置为蓝色，在舞台中绘制矩形，如图5-22所示。

03 单击新建图层按钮，新建图层2，如图5-23所示。

图5-22 绘制矩形

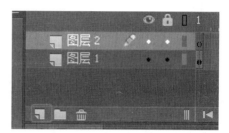

图5-23 新建图层2

04 选择工具箱中的"椭圆"工具，将填充颜色设置为无，边框颜色设置为黑色，在舞台中绘制椭圆，如图5-24所示。

05 选择工具箱中的"铅笔工具"，在舞台中绘制线条，如图5-25所示。

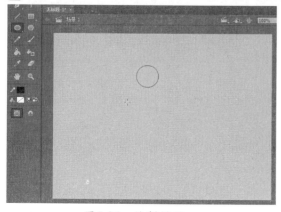

图5-24 绘制椭圆

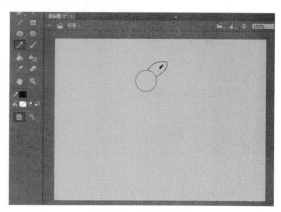

图5-25 绘制线条

06 同步骤5绘制多个线条，成为花朵的形状，如图5-26所示。

07 执行"窗口"|"颜色"命令，打开"颜色"对话框，设置径向渐变颜色，如图5-27所示。

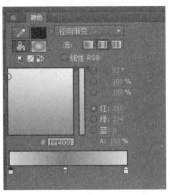

图5-26 绘制多个线条　　　　　　　图5-27 设置径向渐变颜色

08 选择工具箱中的"颜料桶"工具，在舞台中单击填充中间的椭圆，效果如图5-28所示。

09 选中线条按Ctrl+B快捷键打散形状。选择工具箱中的"颜料桶"工具，在舞台中单击填充花朵颜色，如图5-29所示。

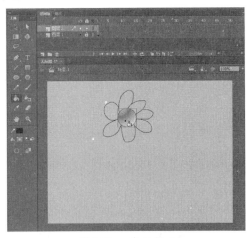

图5-28 填充颜色　　　　　　　　　图5-29 填充颜色

10 单击新建图层按钮，在图层1的上面新建图层3，如图5-30所示。

11 选择"矩形"工具，将填充颜色设置为绿色，在舞台中绘制矩形，如图5-31所示。

图5-30 新建图层3　　　　　　　　图5-31 绘制矩形

12 执行"窗口"|"颜色"命令,打开"颜色"面板,设置径向渐变颜色,如图5-32所示。

图5-32 设置径向渐变颜色

13 选择工具箱中的"选择"工具,调整矩形的形状,如图5-33所示。

图5-33 调整矩形形状

14 保存文档,按Ctrl+Enter组合键测试动画效果,如图5-34所示。

图5-34 测试动画效果

5.5.2 实例2——绘制"可爱太阳"

下面讲述利用绘图工具绘制"可爱太阳"效果,并对文本进行变形和填充颜色处理,如图5-35所示,具体操作步骤如下。

最终文件:最终文件/CH05/绘制可爱太阳.fla

图5-35 绘制"可爱太阳"效果

01 启动Flash CC,执行"文件"|"新建"命令,弹出"新建文档"对话框,在对话框中设置宽和高,如图5-36所示。

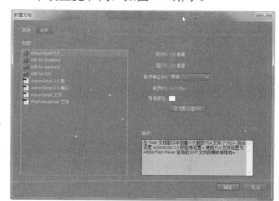

图5-36 "新建文档"对话框

02 单击"确定"按钮,新建空白文档,如图5-37所示。

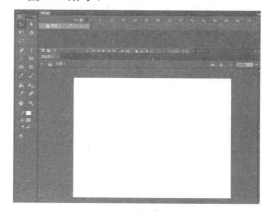

图5-37 新建文档

03 执行"窗口"|"颜色"命令，打开"颜色"面板，设置线性渐变颜色，如图5-38所示。

04 选择工具箱中的"矩形"工具，在舞台中绘制矩形，如图5-39所示。

图5-38　设置线性渐变颜色

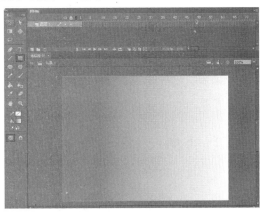

图5-39　绘制矩形

05 选择工具箱中的"渐变变形"工具，在舞台中调整矩形的线性渐变，如图5-40所示。

06 单击"新建图层"按钮，在图层1的上面新建图层2，如图5-41所示。

图5-40　调整线性渐变

图5-41　新建图层2

07 选择工具箱中的"多角星形"工具，在"属性"面板中单击"选项"按钮，如图5-42所示。

08 弹出"工具设置"对话框，"样式"设置为"星形"，"边数"设置为16，"星形顶点大小"设置为1，效果如图5-43所示。

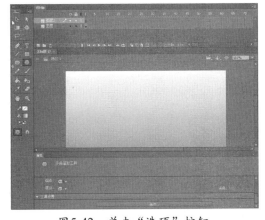

图5-42　单击"选项"按钮

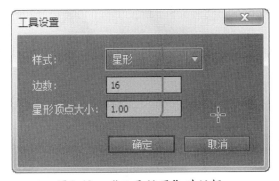

图5-43　"工具设置"对话框

09 单击"确定"按钮，设置星形工具，在舞台中按住鼠标绘制多角星形，如图5-44所示。

10 选择绘制的多角星形，按Ctrl+B快捷键分离图像，如图5-45所示。

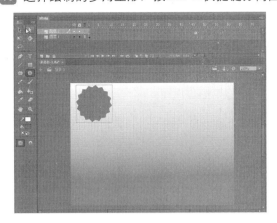

图54-44 绘制多角星形　　　　　　　　图5-45 分离图像

11 选择工具箱中的"选择"工具，在调整多角星形的形状，如图5-46所示。

12 选择工具箱中的"椭圆"工具，将"填充颜色"设置为黄色，在舞台中绘制椭圆，如图5-47所示。

图5-46 调整多角星形的形状　　　　　　图5-47 绘制椭圆

13 选择工具箱中的"椭圆"工具，将"填充颜色"设置为黑色，在黄色椭圆上绘制小椭圆，如图5-48所示。

14 选择工具箱中的"椭圆"工具，将"填充颜色"设置为黑色，在小椭圆一边绘制另一小椭圆，如图5-49所示。

图5-48 绘制小椭圆　　　　　　　　图5-49 绘制椭圆

15 选择工具箱中的"线条"工具，在黄色椭圆上绘制直线，如图5-50所示。

16 选择工具箱中的"选择"工具，调整线条的形状，如图5-51所示。

图5-50　绘制直线

图5-51　调整线条的形状

17 单击"新建图层"按钮，在图层2的上面新建图层3，如图5-52所示。

18 选择工具箱中的"文本"工具，在舞台中输入文字"可爱太阳"，如图5-53所示。

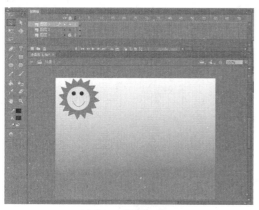

图5-52　新建图层3

图5-53　输入文本

19 选择文本按两次Ctrl+B快捷键分离文本，如图5-54所示。

20 选择工具箱中的"任意变形"工具，在工具箱的底部选择"封套"选项，在舞台中调整文本的形状，如图5-55所示。

图5-54　分离文本

图5-55　调整文本形状

21 选中一部分文本，单击工具箱中的"填充颜色"按钮，在弹出的颜色框中选择合适的填充颜色，如图5-56所示。

22 选择工具箱中的"选择"工具,选择文本的一部分,在工具箱中将填充颜色设置为粉色,如图5-57所示。

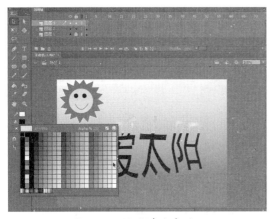
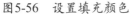

图5-56 设置填充颜色

图5-57 设置文本颜色

23 选择工具箱中的"选择"工具,选择文本的一部分,在工具箱中设置填充颜色,如图5-58所示。

24 选择工具箱中的"选择"工具,选择文本的一部分,在工具箱中设置填充颜色,如图5-59所示。

图5-58 设置文本颜色

图5-59 设置文本颜色

5.5.3 实例3——绘制丛林效果

下面讲述利用椭圆工具和矩形工作绘制形状,并设置相应的填充颜色,效果如图5-60所示,具体操作步骤如下。

最终文件:最终文件/CH05/绘制丛林.fla

图5-60 绘制精美丛林

01 启动Flash CC，执行"文件"|"新建"命令，弹出"新建文档"对话框，如图5-61所示。

02 单击"确定"按钮，新建空白文档，如图5-62所示。

图5-61　"新建文档"对话框　　　　　　　图5-62　新建文档

03 单击工具箱底部的"填充颜色"按钮，在弹出颜色框中设置填充颜色，如图5-63所示。

04 选择工具箱中的"矩形"工具，在舞台中绘制矩形，如图5-64所示。

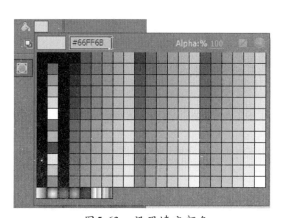

图5-63　设置填充颜色　　　　　　　　图5-64　绘制矩形

05 选择"铅笔"工具，将"填充颜色"设置为浅绿色 # 669900，绘制曲线，如图5-65所示。

06 选择绘制的矩形和线条，按Ctrl+B快捷键分离线条，如图5-66所示。

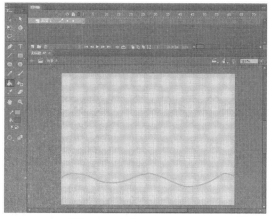

图5-65　绘制曲线　　　　　　　　图5-66　分离矩形线条

07 选择工具箱中的"颜料桶"工具，将工具箱底部的"填充颜色"设置为绿色 # 006600，单击舞台中的底部填充颜色，如图5-67所示。

08 选择工具箱中的"椭圆"工具，将"填充颜色"设置为粉色＃FF66CC，在舞台中绘制一椭圆，效果如图5-68所示。

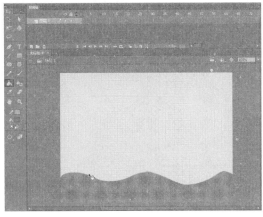

图5-67　填充选中背景

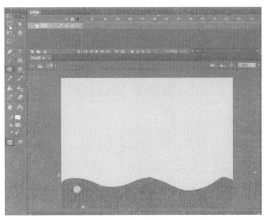

图5-68　绘制椭圆

09 在椭圆的一边绘制另外3个粉色椭圆，使其形状如同小花，如图5-69所示。

10 选择工具箱中的"椭圆"工具，在舞台中绘制4个值为＃FFCC00的黄色椭圆，使其形状如同小花，如图5-70所示。

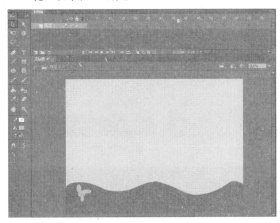

图54-69　绘制椭圆

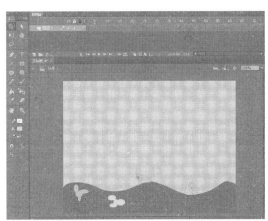

图5-70　绘制椭圆状小花

11 选择"椭圆"工具，在舞台中绘制4个值为＃FF0000的红色椭圆，使其形状如同小花，如图5-71所示。

12 选择"椭圆"工具，将"填充颜色"设置为白色，绘制多个白色椭圆，如图5-72所示。

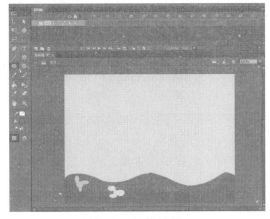

图5-71　绘制椭圆

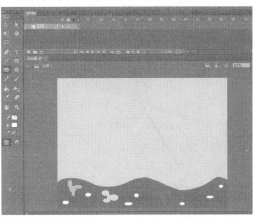

图5-72　绘制椭圆

13 选择"矩形"工具，将"填充颜色"设置为棕色＃663300，绘制矩形，使其形状如同树干，如图5-73所示。

图5-73　绘制矩形

14 选择"椭圆"工具，将"填充颜色"设置为绿色＃009900，绘制椭圆，使其形状如同大树，如图5-74所示。

图5-74　绘制椭圆

15 选择"矩形"工具，将"填充颜色"设置为杏黄色＃CC6600，绘制矩形，使其形状如同树干，如图5-75所示。

16 选择"椭圆"工具，将"填充颜色"设置为绿色＃006600，绘制椭圆，使其形状如同小树，如图5-76所示。

17 选择"矩形"工具，将"填充颜色"设置为浅黄色＃999900，绘制矩形，使其形状如同树干，如图5-77所示。

18 选择工具箱中的"铅笔"工具，在舞台中绘制线条，使其形状如同树叶，如图5-78所示。

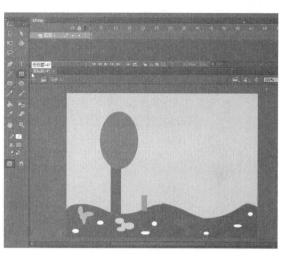

图5-75　绘制矩形

图5-76　绘制椭圆

图5-77　新建图层3

19 选择绘制的线条按Ctrl+B快捷键分离文本，如图5-79所示。

20 选择"颜料桶"工具，将"填充颜色"设为棕色＃669900，在线条内单击进行填充颜色，如图5-80所示。

| 图5-78　绘制树形状 | 图5-79　分离文本 |

21 选择"椭圆"工具,将"填充颜色"设置为#FFFFFF,绘制矩形,如图5-81所示。

| 图5-80　填充颜色 | 图5-81　绘制矩形 |

22 在舞台的上方绘制多个白色椭圆,使其形状如同白云,如图5-82所示。

图5-82　绘制白云形状

5.6　课后练习

一、填空题

1．"颜料桶"工具有3种填充模式：即_____、_____和_____。通过选择不同的填充模式，可以使用"颜料桶"工具制作出不同的视觉效果。

2．通过使用_____或_____中的"笔触颜色"和"填充颜色"控件，可以指定图形对象和形状的笔触颜色和填充颜色。

二、操作题

利用Flash绘图QQ表情效果，如图5-83所示。

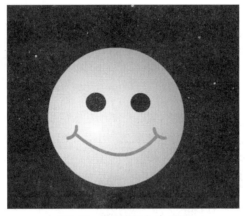

图5-83　绘制QQ表情效果

5.7　本课小结

Flash软件提供很多修改，创建颜色的方法，如调色板、颜料桶等。使用"颜料桶"工具可以对封闭的区域进行颜色填充。它既可以填充空的区域也可更改已涂色区域的颜色。可用纯色、渐变填充以及位图填充进行涂色。"颜料桶"工具还可以用来填充未完全封闭的区域，并且可以指定Flash在使用"颜料桶"工具的时候闭合形状轮廓中的空隙。Flash软件颜色处理功能强大，只要我们合理运用，就能搭配出美观、和谐的画面。

第6课
使用文本工具创建特效文字

本课导读

　　文字是Flash动画中很重要的组成部分，利用文本工具可以在Flash动画中添加各种文字。因此熟练使用文本工具也是掌握Flash的一个关键。一个完整而精彩的动画或多或少都需要一定的文字来修饰，而文字的表现形式又非常丰富。合理使用文本工具，可以增加Flash动画的整体完美效果，使动画显得更加丰富多彩。本课主要讲述文本工具的使用，最后通过实例讲述了特效文字的制作。

技术要点

★　文本操作基础

★　文本属性的高级设计

★　对文本使用滤镜效果

6.1 文本操作基础

Flash 拥有的强大功能使其不仅是一个优秀的绘图软件，而且在文字创作方面也毫不逊色。运用它可以创作出静止但却漂亮的文字，并且还可以激活和交互。以前只有在Photoshop中才能制作出来的效果，现在利用Flash制作也变得轻而易举。在Flash中包含了3种文本对象，分别是静态文本、动态文本和输入文本。

6.1.1 课堂小实例——静态文本

静态文本就是在动画制作阶段创建，在动画播放阶段不能改变的文本。在静态文本框中，可以创建横排或竖排文本。输入静态文本的效果如图6-1所示，本节通过实例来讲述静态文本的应用，具体操作步骤如下。

01 新建一个空白文档，导入图像文件并修改文档大小，如图6-2所示。

图6-1 静态文本　　　　　　　　　　　　　　　图6-2 新建文档

02 打开"属性"面板，在"文本类型"下拉列表中选择"静态文本"，如图6-3所示。

03 只需将文本工具移到指定的区域并单击，标签方式的输入域即刻出现，此时用户可在此直接输入文本"母亲节"，标签方式的输入区域可根据实际需要自动横向延长。标签区域的右上角有一个圆形标志，拖动右上角的圆圈可以增加文本框的长度，效果如图6-4所示。

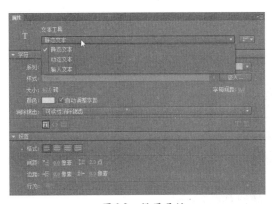

图6-3 设置属性　　　　　　　　　　　　　　　图6-4 输入文本

6.1.2 课堂小实例——动态文本

动态文本框用来显示动态可更新的文本，如动态显示日期和时间、天气预报信息等。下面通过实例讲述动态文本的创建。

01 新建一个空白文档，导入图像文件"动态文本.jpg"，修改文档大小，如图6-5所示。

图6-5　导入图像

02 选择工具箱中的"文本"工具，在"属性"面板中的"文本类型"下拉列表中选择"动态文本"选项，如图6-6所示。

图6-6　选择"动态文本"选项

03 在文档中单击鼠标不放并拖出一个文本输入框，如图6-7所示。

图6-7　拖出输入框

6.1.3　课堂小实例——输入文本

输入文本是在动画设计中作为一个输入文本框来使用，在动画播放时，输入的文本展现更多信息。

01 新建一个空白文档，导入图像文件并修改文档大小，选中"文本"工具，在"属性"面板中的"文本类型"下拉列表中选择"输入文本"，在"线条类"中选择"单行"，如图6-8所示。

图6-8　选择"输入文本"

02 在文档中单击鼠标左键并拖出一个文本框，输入文字"弯月亮"，如图6-9所示。

图6-9　拖曳文本框

6.2 文本属性的高级设计

可以设置文本的字体和段落属性。字体属性包括字体系列、磅值、样式、颜色、字母间距、自动字距微调和字符位置。段落属性包括对齐、边距、缩进和行距。

6.2.1　课堂小实例——消除文本锯齿

　　使用消除文字锯齿功能，可以更清晰地显示较小的文本。消除文本锯齿操作步骤如下。

01 新建一个空白文档，导入图像文件"消除文本锯齿.jpg"，修改文档大小，选中"文本"工具，在舞台中输入文本，如图6-10所示。

02 选中输入的文本，执行"视图"|"预览模式"|"消除文字锯齿"命令，即可消除文字锯齿，如图6-11所示。

图6-10　输入文本

图6-11　消除文字锯齿

6.2.2　课堂小实例——设置文字属性

　　在创建文字的过程中或者创建完成后，只要还没有将文字与其他图层合并，就可以对文字的格式随时进行修改，如更改字体、字号、字距、对齐方式、颜色以及行距等。具体操作步骤如下。

01 双击输入的文本，即可选中文本，如图6-12所示。

02 在"属性"面板中"字体"下拉列表中选择"华文彩云"字体样式，如图6-13所示。

图6-12　选择文本

图6-13　选择字体

03 选择要更改的字体后，更改字体的效果，如图6-14所示。

04 在"属性"面板中"大小"文本框中输入文本的大小，效果如图6-15所示。

05 在"属性"面板中单击颜色，弹出"拾色器"对话框，"字体颜色"设为#FF3300，如图6-16所示。

06 选择以后，即可设置文本颜色，如图6-17所示。

图6-14 设置字体

图6-15 设置文本大小

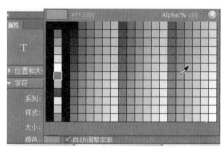

图6-16 "拾色器"对话框

图6-17 设置文本颜色

6.2.3 课堂小实例——创建文字链接

创建文字链接的具体操作步骤如下。

01 选中"文本"工具,在舞台中输入文本,如图6-18所示。

02 选中文本,在"属性"面板中的"选项"中的"链接"文本框中输入http://www.shoucang.com,设置链接地址,如图6-19所示。

图6-18 输入文本

图6-19 输入连接

6.2.4　课堂小实例——打散文字

文本在Flash动画中是作为单独的对象使用的，但有时需要把文本当作图形来使用，以便使这些文本具有更多的变换效果。这时，就需要将文本对象进行打散。要打散文本，可先选中文本，然后选择菜单中的"修改"|"分离"命令，将文本打散为图形。一旦文本被打散，文本字就不再是文本，而变成一个个独立的图形，打散文字的具体操作步骤如下。

01 新建一文档，导入图像文件，调整图像大小，如图6-20所示。

02 在工具箱中选择"文本"工具，在图像上输入文本，如图6-21所示。

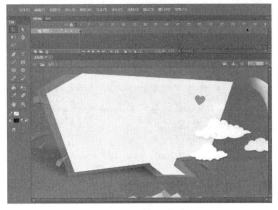　

图6-20　输入文本　　　　　　　　　　　　　图6-21　输入文本

03 选中文本，执行"修改"|"分离"命令，选中的文本被分离在独立的文本块中，如图6-22所示。

04 选中所有的文本，执行"修改"|"分离"命令，将单独的文本打散为图形，如图6-23所示。

图6-22　分离文本　　　　　　　　　　　　　图6-23　打散为图形

6.3　对文本使用滤镜效果

使用滤镜可以制作出许多以前只能在Photoshop软件中才能完成的效果，如投影、模糊、发光、斜角、渐变发光、渐变斜角和调整颜色等。和"属性"面板排列在一起的"滤镜"面板，是管理Flash滤镜的主要工具，增加、删除滤镜或者改变滤镜的参数等操作都可以在此面板中完成。滤镜效果只适用于文本、影片剪辑和按钮中。

6.3.1　课堂小实例——给文本添加滤镜

本实例主要通过导入图像文件"添加滤镜.jpg"，输入文字"茶壶"，给文本添加橘红色的"投影"滤镜效果，如图6-24所示，具体操作步骤如下。

图6-24 "投影"滤镜效果

01 新建一个文档，执行"文件"|"导入"|"导入到舞台"命令，弹出"导入"对话框，在对话框中选择图像文件，如图6-25所示。

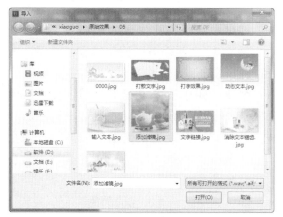

图6-25 "导入"对话框

02 单击"打开"按钮，将图像导入到舞台中。选择工具箱中的"文本"工具，输入文本，如图6-26所示。

图6-26 输入文本

03 执行"窗口"|"属性"命令，打开"属性"面板，选中文本，在"滤镜"选项中单击 ➕▾ 按钮，在弹出的菜单中选择"投影"选项，如图6-27所示。

图6-27 选择"投影"选项

04 选择选项后，在选项卡中将"距离"设置为5，"颜色"设置为#FF3300，如图6-28所示。

图6-28 设置选项卡

6.3.2 设置滤镜效果

"滤镜"面板中包含了投影、模糊、发光、斜角、渐变发光、渐变斜角和调整颜色等滤镜效果。下面就讲述滤镜效果的设置。

1. "投影"滤镜效果

"投影"滤镜的参数有很多，包括"模糊"、"强度"、"品质"、"颜色"、"角度"、"距离"、"挖空"、"内阴影"和"隐藏对象"等，"投影"滤镜效果的面板如图6-29所示。

图6-29 "投影"滤镜面板

在"投影"滤镜面板中可以设置以下参数。

★ 模糊：用于设置投影的模糊程度，默认是X和Y轴两个方向比例锁定的，可以解除锁定，取值范围为0～100。

★ 强度：用于设置投影的强烈程度，取值范围在0%～100%之间。

★ 品质：用于设置投影的品质高低，包括"低"、"中"和"高"3个选项，品质越高投影越清晰。

★ 颜色：用于设置投影的颜色。

★ 角度：用于设置投影的角度，取值范围在0～360°之间。

★ 距离：用于设置投影的距离大小，取值范围在－32～32之间。

★ 挖空：对原来对象的挖空显示。

★ 内阴影：设置阴影的生成方向指向对象内侧。

★ 隐藏对象：只显示投影而不显示原对象。

2. "模糊"滤镜效果

"模糊"滤镜的参数比较少，只有"模糊"和"品质"两个选项。"模糊"滤镜效果的面板如图6-30所示。

图6-30 "模糊"滤镜面板

在"模糊"滤镜面板中可以设置以下参数。

★ 模糊：用于设置模糊的模糊程度，默认是X和Y轴两个方向比例锁定的，可以解除锁定，取值范围在0～100之间。

★ 品质：用于设置模糊的品质高低，包括"低"、"中"和"高"3个选项，品质越高模糊越清晰。

3. "发光"滤镜效果

滤镜中的"发光"效果具有比较多的参数，包括"模糊"、"强度"、"品质"、"颜色"、"挖空"和"内发光"等。"发光"滤镜效果的面板如图6-31所示。

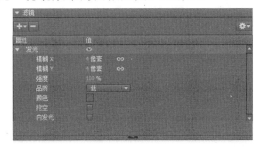

图6-31 "发光"滤镜面板

在"发光"滤镜面板中可以设置以下参数。

★ 模糊：用于设置发光的模糊程度，默认是X和Y轴两个方向比例锁定的，可以解除锁定，取值范围在0～100之间。

★ 强度：用于设置发光的强烈程度，取值范围在0%～100%之间。

★ 品质：用于设置发光的品质高低，包括"低"、"中"和"高"3个选项，品质越高发光越清晰。

★ 颜色：用于设置发光的颜色。

★ 挖空：对原来对象的挖空显示。

★ 内发光：设置发光的生成方向指向对象内侧。

4. "斜角"滤镜效果

滤镜中"斜角"的应用可以制作出浮雕的效果。其主要的控制参数是"模糊"、"强度"、"品质"、"阴影"、"加亮显示"、"角度"、"距离"、"挖空"和"类型"等。"斜角"滤镜效果的面板如图6-32所示。

在"斜角"滤镜面板中可以设置以下参数。

★ 模糊：用于设置斜角的模糊程度，默认是X和Y轴两个方向比例锁定的，可以解除锁定，取值范围在0～100之间。

★ 强度：用于设置斜角的强烈程度，取值

范围在0%～100%之间。

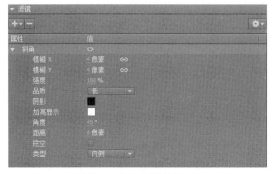

图6-32　"斜角"滤镜面板

★ 品质：用于设置斜角的品质高低，包括"低"、"中"和"高"3个选项，品质越高斜角越清晰。

★ 阴影：用于设置斜角的阴影颜色，可以在弹出的调色板中选取。

★ 加亮显示：用于设置斜角的加亮颜色，可以在弹出的调色板中选取。

★ 角度：用于设置斜角的角度，取值范围为0～360°。

★ 距离：用于设置斜角距离对象的大小，取值范围为−32～32。

★ 挖空：以斜角效果作为背景，然后挖空对象部分的显示。

★ 类型：用于设置斜角的应用位置，包括"内侧"、"外侧"和"整个"3个选项。

5. "渐变发光"滤镜效果

"渐变发光"的滤镜效果和"发光"的滤镜效果基本一样。不过在"渐变发光"中还可以设置"角度"、"距离"和"类型"。"渐变发光"滤镜效果的面板如图6-33所示。

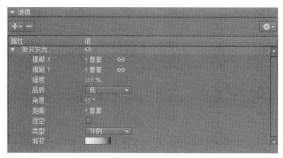

图6-33　"渐变发光"滤镜面板

在"渐变发光"滤镜面板中可以设置以

下参数。

★ 模糊：用于设置渐变发光的模糊程度，默认是X和Y轴两个方向比例锁定的，可以解除锁定，取值范围在0～100之间。

★ 强度：用于设置渐变发光的强烈程度，取值范围在0%～100%之间。

★ 品质：用于设置渐变发光的品质高低，包括"低"、"中"和"高"3个选项，品质越高发光越清晰。

★ 角度：用于设置发光的角度，取值范围为0～360°。

★ 距离：用于设置发光阴影距离对象的大小，取值范围为−32～32。

★ 挖空：以渐变发光效果作为背景，然后挖空对象部分的显示。

★ 类型：用于设置渐变发光的应用位置，包括"内侧"、"外侧"和"整个"3个选项。

★ 渐变：是控制渐变颜色的工具，默认情况下是白色到黑色，在色条上可以增加新的控制点，也可以删除控制点，也可以改变颜色。

6. "渐变斜角"滤镜效果

滤镜中的"渐变斜角"的控制参数和"斜角"相似，不同的是渐变斜角更能精确控制斜角的渐变颜色。"渐变斜角"滤镜效果的面板如图6-34所示。

图6-34　"渐变斜角"滤镜面板

在"渐变斜角"滤镜面板中可以设置以下参数。

★ 模糊：用于设置渐变斜角的模糊程度，默认是X和Y轴两个方向比例锁定的，可以解除锁定，取值范围在0～100之间。

★ 强度：用于设置渐变斜角的强烈程度，

取值范围在0%～100%之间，数值越大，斜角的效果越明显。

★ 品质：用于设置品质的高低，包括"低"、"中"和"高"3个选项，品质越高斜角越清晰。

★ 角度：用于设置渐变斜角的角度，取值范围为0～360°。

★ 距离：用于设置渐变斜角距离对象的大小，取值范围为−32～32。

★ 挖空：以渐变斜角效果作为背景，然后挖空对象部分的显示。

★ 类型：用于设置渐变发光的应用位置，包括"内侧"、"外侧"和"整个"3个选项。如果选择"整个"选项，则在内侧和外侧同时应用斜角效果。

★ 渐变：是控制渐变颜色的工具，默认情况下是白色到黑色，在色条上可以增加新的控制点，也可以删除控制点。

7. "调整颜色"滤镜效果

滤镜中的"调整颜色"允许对"影片剪辑"、"文本"或"按钮"进行颜色调整，例如"亮度"、"对比度"、"饱和度"和"色相"等。"调整颜色"滤镜效果的面板如图6-35所示。

图6-35 设置调整颜色效果

在"调整颜色"滤镜面板中可以设置以下参数。

★ 亮度：调整对象的亮度，向左拖动滑块可降低亮度，向右拖动滑块可增强亮度，取值范围为−100～100。

★ 对比度：调整对象的对比度，向左拖动滑块可降低对比度，向右拖动滑块可增强对比度，取值范围为−100～100。

★ 饱和度：调整色彩大额饱和度，向左拖动滑块可降低饱和度，向右拖动滑块可增强饱和度，取值范围为−100～100。

★ 色相：调整对象中各个颜色色相，取值范围为−100～100。

6.4 实战应用

文字是信息的核心，在动画中很好地应用文字显示效果，可以制作出具有新奇感，从而给人留下深刻印象的作品。Flash在文字处理方面给用户留下了很大的发挥空间，用户可以充分发挥自己的想象力和聪明才智，制作出任何想要的效果，下面就具体讲解Flash中常见的特效文字效果。

6.4.1 实例1——制作渐变文字

下面讲述渐变文字的制作，效果如图6-36所示，具体操作步骤如下。

原始文件：最终文件/CH06/渐变文字jpg

最终文件：最终文件/CH06/渐变文字.fla

图6-36 渐变文字效果

01 启动Flash CC，新建一空白文档，在"属性"面板中修改文档大小，如图6-37所示。

02 执行"文件"|"导入"命令，弹出"导入"对话框，选择需要导入的图像，如图6-38所示。

图6-37 新建文档　　　　　　　　　　　　　　图6-38 选择图像

03 单击"打开"按钮，导入图像文件，如图6-39所示。

04 单击"新建图层"按钮，新建图层2，如图6-40所示。

图6-39 导入图像　　　　　　　　　　　　　　图6-40 新建图层2

05 选择工具箱中的"文本工具"，在舞台中输入文本，如图6-41所示。

06 选中文本工具，按两次Ctrl+B快捷键打散图像，如图6-42所示。

图6-41 输入文本　　　　　　　　　　　　　　图6-42 打散图像

07 执行"窗口"|"颜色"命令，打开"颜色"对话框，设置线性渐变颜色，如图6-43所示。

08 选择工具箱中的"颜料桶"工具，在舞台中单击填充文本颜色，效果如图6-44所示。

图6-43　设置线性渐变颜色　　　　　　　　　图6-44　填充文本颜色

6.4.2　实例2——制作雪花文字

现在制作一种非常容易的雪花文字效果，学习利用简单的文本工具制作精彩特效的技巧，如图6-45所示，具体操作步骤如下。

原始文件：最终文件/CH06/雪花文字.jpg

最终文件：最终文件/CH06/雪花文字.fla

01 启动Flash CC，新建一空白文档，在"属性"面板中修改文档大小，如图6-46所示。

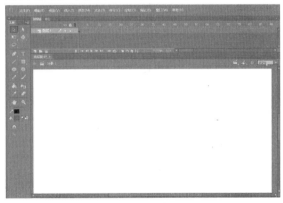

图6-45　雪花文字效果　　　　　　　　　　图6-46　新建文档

02 执行"文件"|"导入"命令，弹出"导入"对话框，选择需要导入的图像，如图6-47所示。

03 单击"打开"按钮，导入图像文件，如图6-48所示。

图6-47　选择图像　　　　　　　　　　　图6-48　导入图像

04 单击"新建图层"按钮，新建图层2，用于输入文本如图6-49所示。

05 选择工具箱中的"文本工具"，在舞台中输入文本，如图6-50所示。

图6-49　新建图层2

图6-50　输入文本

06 选中文本工具，按两次Ctrl+B快捷键打散文本，如图6-51所示。

07 打开"属性"面板，在面板中设置笔触为10，样式为点刻线，如图6-52所示。

图6-51　分离文本

图6-52　"属性"面板

08 选择工具箱中的"墨水瓶"工具，在文本边缘进行点击，文本效果如图6-53所示。

图6-53　文本效果

6.4.3　实例3——制作立体文字

现在制作一种网页中常见的立体文字效果，主要利用新建两个图层，设置文本不同的颜色使其产生立体效果，如图6-54所示，具体操作步骤如下。

原始文件：最终文件/CH06/立体文字jpg

最终文件：最终文件/CH06/立体文字.fla

01 启动Flash CC，打开"新建文档"对话框，如图6-55所示。

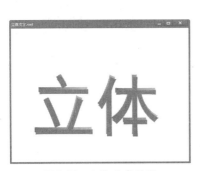

图6-54　立体文字效果

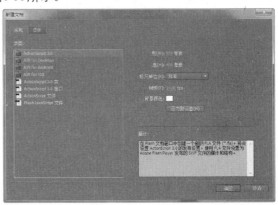

图6-55　"新建文档"对话框

02 单击"确定"按钮，新建空白文档，如图6-56所示。

03 选择"文本"工具，输入文字"立体"，将字体大小设为200，如图6-57所示。

图6-56　新建空白文本

图6-57　输入文本

04 单击"新建图层"按钮，新建图层2，用于输入文本，如图6-58所示。

05 在舞台中输入文字"立体"，在"属性"面板中将字体大小设置为200，字体颜色设置为红色，如图6-59所示。

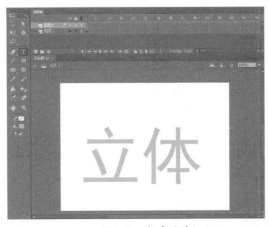

图6-58　新建图层2

图6-59　输入文本

06 选择图层1，选中文本工具，按两次Ctrl+B快捷键分离图像，如图6-60所示。

07 执行"窗口"|"颜色"命令，打开"颜色"面板，设置线性渐变，如图6-61所示。

图6-60 分离文本　　　　　　　　　图6-61 设置线性渐变颜色

08 选择工具箱中的"颜料桶"工具，对文本进行填充颜色，如图6-62所示。

图6-62 填充颜色效果

6.4.4 实例4——制作遮罩文字效果

在Flash里，使用遮罩层可以创建出很多的效果来。本节来教大家利用Flash遮罩层制作漂亮的文字效果，如图6-63所示，具体操作步骤如下。

原始文件：最终文件/CH06/遮罩文字.jpg

最终文件：最终文件/CH06/遮罩文字.fla

01 新建一空白文档，在"新建文档"对话框中设置文档大小，如图6-64所示。

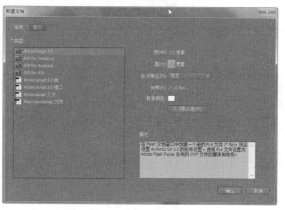

图6-63 遮罩文字效果　　　　　　　图6-64 "新建文档"对话框

85

02 单击"确定"按钮，新建空白文档，如图6-65所示。

03 执行"文件"|"导入"|"导入到舞台"命令，弹出"导入"对话框，如图6-66所示。

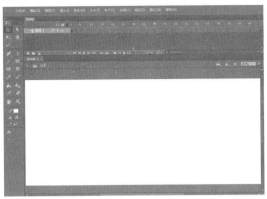

图6-65　新建空白文本

图6-66　"导入"对话框

04 单击"打开"按钮，导入图像文件，如图6-67所示。

05 单击"新建图层"按钮，新建图层2，如图6-68所示。

图6-67　导入图像

图6-68　新建图层2

06 选择工具箱中的"文本"工具，在舞台中输入文字"春意盎然"，如图6-69所示。

07 在图层1第50帧按F5插入帧，在图层2第50帧按F6插入关键帧，如图6-70所示。

图6-69　输入文本

图6-70　设置线性渐变颜色

08 选择图层2的第50帧，将文本向下移动，如图6-71所示。

09 在图层2的第1-50帧之间右击鼠标，在弹出的列表中选择"创建传统补间"选项，如图6-72所示。

图6-71　移动文本

图6-72　选择"创建传统补间"选项

10 选择以后设置补间动画，效果如图6-73所示。

11 选择图层2右击鼠标，在弹出的列表中选择"遮罩层"选项，如图6-74所示。

图6-73　设置补间动画效果

图6-74　选择"遮罩层"选项

12 选择以后设置遮罩文本效果，如图6-75所示。

图6-75　遮罩文本效果

6.5 课后练习

一、填空题

1. 在Flash中包含了3种文本对象，分别是_____、_____和_____。

87

2. 使用＿＿＿＿＿＿＿＿可以制作出许多以前只能在Photoshop软件中才能完成的效果，如投影、模糊、发光、斜角、渐变发光、渐变斜角和调整颜色等。

二、操作题

利用Flash文本工具制作精美文本效果，如图6-76所示。

图6-76　文本效果

6.6 本课小结

本课主要介绍了文本工具的使用及其属性设置、特效文本的制作等内容。通过文本工具的基本使用一节的学习，读者应该学会使用文本工具在工作区创建文字，并会设置最常见的文字属性，例如大小、颜色、字体、行间距和字间距等，并且掌握文本的平滑处理。后面的高级设置中详细讲解了段落等文本属性的高级设置内容。在实战应用一节中，介绍了渐变文字、雪花文字的制作。应用这些文字特效，可以使网页更加丰富生动。

第7课
对象的编辑与操作

本课导读

　　本课介绍在制作动画时对对象的各种编辑操作，包括选择、移动、复制、删除、变形、组合、排列、分离等。对象的编辑可以说是使用Flash制作动画的基本的和主体的工作，只有熟练掌握了编辑对象的方法和技巧，才能在后面的动画制作中得心应手。

技术要点

★　对象的基本操作

★　变形对象

★　组合、排列、分离对象

7.1 对象的基本操作

在Flash中，图形对象是舞台中的项目，Flash允许对图形对象进行各种编辑操作。Flash提供了各种基本的操作方法，包括选取对象、移动对象、复制对象和删除对象等。

7.1.1 选取对象

对舞台中的对象进行编辑必须先选择对象。因此选择对象是Flash中的最基本的操作。选择对象有很多种方法。Flash中提供了多种选择工具，主要有"选择"工具、"部分选取"工具和"套索"工具。

1. 选择工具

打开需要选择的对象，选择工具箱中的"选择"工具。将光标移动到要选择的对象上，单击鼠标左键即可选取图像，如图7-1所示。

图7-1　选取图像

2. 部分选取工具

除了"选择"工具外，还可以使用"部分选取"工具来选择对象。在修改对象的形状时使用"部分选取"工具有时会觉得更加得心应手。

在Flash中，可以把图形的笔触看作由线段和节点组成，线段和节点可以称为对象的次对象。当使用"部分选取"工具进行选择时，会将此对象显示出来，并可以进行编辑和修改，如图7-2所示。

3. 套索工具

"套索"工具与"选择"工具的使用方法类似，但它可以选择不规则形状。将光标

移动到要选择对象的附近，然后按住鼠标左键不放，画一个所要选定对象的区域，如图7-3所示，松开鼠标后，所画区域就是被选中的区域，如图7-4所示。

图7-2　"部分选取"工具选择对象

图7-3　绘制选择区域

图7-4　选择以后

7.1.2 移动对象

前面讲过使用选择工具直接拖动对象可以随意移动对象位置，也可以通过相应的控制面板精确地指定对象位置。除此之外使用剪切和复制命令或使用方向键也可将对象从一个位置移动到另一位置。移动对象的方法通常有4种，分别是利用鼠标、方向键、"属性"面板和"信息"面板进行移动。

1. 鼠标移动对象

选取一个或多个对象。将鼠标移动到被选中的对象上，按住鼠标左键不放进行拖动，可以将对象移动到相应的位置。如果在拖动的同时，按住Shift键不放，则只能进行水平、垂直或45°角方向的移动。

2. 利用方向键

使用鼠标移动对象的缺点是不够精确，不容易进行细微的操作，而使用方向键来移动对象则要精确得多。利用方向键移动对象的具体方法如下。

选取一个或多个对象。按相应的方向键（上、下、左、右）来移动对象，一次移动1个像素。如果在按住方向键的同时按住Shift键，则一次可以移动8个像素。

3. 利用属性面板

选取一个或多个对象。在"属性"面板中的X和Y文本框中输入相应的数值，然后按Enter键即可将对象移动到指定的位置，如图7-5所示。

图7-5 "属性"面板

4. 通过复制和粘贴命令移动对象

如果想将对象移动到编辑区的中心，可以先对此对象进行复制操作，然后进行粘贴，这样复制的对象就会自动移动到编辑区的中心，此时只要删除原始对象就相当于移动了对象。

5. 利用"信息"面板移动对象

选取一个或多个对象。执行"窗口"|"信息"命令，打开"信息"面板，如图7-6所示。在X和Y文本框中输入相应的数值，然后按Enter键即可将对象移动到指定的位置。因为"信息"面板中的对象属性是随着所选取对象的改变而改变的，所以只要选择场景上的对象，"信息"面板就会反映出该对象的属性。这样，用户可以很容易地选择单个对象，然后调整其设置。用户还可以选择多个对象，并利用"信息"面板同时移动它们的位置。

图7-6 "信息"面板

7.1.3 复制和粘贴对象

当对象处于不同场景或不同图层中时，直接拖动对象来实现移动似乎不太可能，这时需要借助复制和粘贴功能。使用复制功能还可以避免重复创建同一形状，例如星星和雪花，因为它们的个体几乎完全相同，所以只需绘制一个，然后进行复制即可。可以将一个对象复制多次，当然也可以对副本进行复制。复制和粘贴对象的具体操作步骤如下。

01 选中需要复制的对象。执行"编辑"|"复制"命令，或者按Ctrl＋C快捷键，复制对象。如图7-7所示。

02 执行"编辑"|"粘贴"命令，或者按Ctrl＋V快捷键，即将复制的图像粘贴到场景中。如图7-8所示。

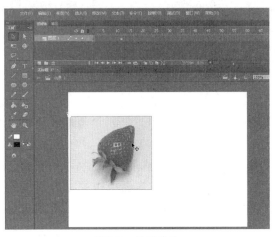

图7-7 复制对象

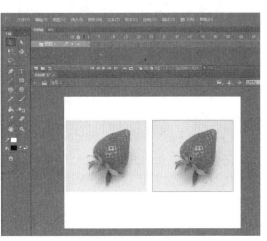

图7-8 粘贴对象

7.1.4 删除对象

当有些对象已经没有必要保存时，为保持界面的干净整洁就应该及时将没有用处的对象清除出场景，以提高工作效率。删除对象可以将其从文件中删除。选择删除的对象，执行"编辑"|"剪切"命令，即可将选中的对象删除。如图7-9所示。

根据对象的不同，删除的结果也不同。如果删除的是矢量图或文字对象，则从文档中删除。如果删除的是外部导入对象或是元件的实例，则仅仅是从整个作品中删除该对象，可直接打开库，然后在删除的对象上单击鼠标右键，在弹出的菜单中选择"删除"选项，如图7-10所示，即可删除对象。

图7-9 删除对象

图7-10 删除对象

7.2 变形对象

在动画制作前期的对象编辑和动画制作本身的对象编辑中，针对对象的变形处理都是一个非常重要的方面，也是Flash 提供的一项基本的编辑功能，对象的变形不仅包括缩放、旋转、倾斜、翻转等基本的变形形式，还包括扭曲、封套等特殊变形形式。

7.2.1 课堂小实例——使用变形面板

使用"变形"面板可以对对象进行更加精确的缩放与旋转。执行"窗口"|"变形"命令，

打开"变形"面板，如图7-11所示。

图7-11 "变形"面板

★ 比例缩放调节：设置图像的宽度；设置图像的高度，勾选"约束"复选框则锁定宽高比例。

★ 旋转：输入旋转角度可以旋转对象。

★ 倾斜：在第一个文本框中输入水平倾斜的角度可以设置水平倾斜，在第二个文本框中输入垂直倾斜的角度可以设置垂直倾斜。

01 选中舞台中需要变形的对象，如图7-12所示。

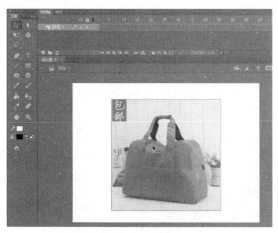

图7-12 选择对象

02 执行"窗口"|"变形"命令，打开"变形"面板，如图7-13所示。

03 勾选"约束"复选框，将按照等比例进行缩放，将"高度"设置为130%，宽度将自动设置为130%，按Enter键确定，对象将放大到130%，如图7-14所示。

04 选中"旋转"单选按钮，旋转角度设置为200°，按Enter键确定，将图像旋转200°，如图7-15所示。

图7-13 "变形"面板

图7-14 对象将放大

图7-15 旋转对象

7.2.2 课堂小实例——缩放对象

缩放对象是将选中的图形对象按比例放大或缩小，也可在水平或垂直方向分别放大或缩小对象。缩放对象可以选择以下任意一种方法。

1. 选中缩放对象，将鼠标移动至矩形框各边中点的控制点上，然后按下鼠标左键不放进行拖动，可以单独地调整对象的高度和宽度，如图7-16和图7-17所示。

图7-16　垂直缩放　　　　　　　　　　　　　图7-17　水平缩放

2. 选中缩放对象，将鼠标移动至矩形框的4个顶点上，当指针变为倾斜的双向箭头形状时按下鼠标左键不放进行拖动，可以同时对对象的长度和宽度进行缩放，如图7-18所示。

3. 还可以使用"信息"面板对对象的大小进行缩放，具体操作步骤如下。

01 选中需要缩放的对象，如图7-19所示。

图7-18　缩放　　　　　　　　　　　　　　　图7-19　选中图像

02 执行"窗口"|"信息"命令，打开"信息"面板，如图7-20所示。

03 在面板中的"宽"和"高"文本框中输入对象的宽度值和高度值，按Enter键确定，对对象进行缩放，如图7-21所示。

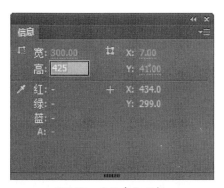

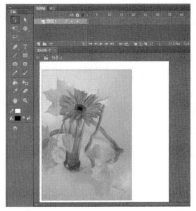

图7-20　"信息"面板　　　　　　　　　　　图7-21　缩放

4. 还可以使用菜单命令缩放对象，具体操作步骤如下。

01 选中需要缩放的对象。执行"修改"|"变形"|"缩放和旋转"命令，弹出"缩放和旋转"对话框，如图7-22所示。

02 在对话框中的"缩放"文本框中输入缩放对象的百分比，单击"确定"按钮，即可缩放对象，如图7-23所示。

图7-22 "缩放和旋转"对话框   图7-23 缩放对象

7.2.3 课堂小实例——旋转及倾斜对象

旋转对象会使该对象围绕其变形点旋转，变形点就是对象在旋转、缩放或倾斜操作过程中的中心点，对象会以此点为中心进行旋转、缩放或倾斜。倾斜则是在水平或垂直方向上弯曲对象。

1. 旋转对象

旋转对象的具体操作步骤如下。

01 选择工具箱中的"任意变形"工具 ，在工具箱下方的选项中单击"旋转与倾斜"按钮 ，如图7-24所示。

02 将鼠标移动到矩形框顶点旁边，当鼠标指针变为 形状时，按住鼠标左键不放进行旋转，如图7-25所示。

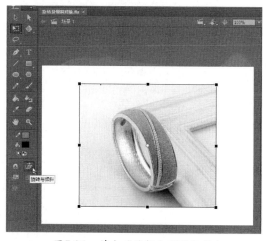

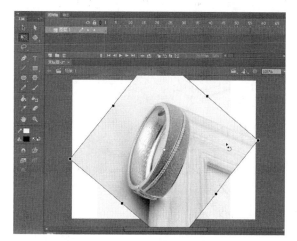

图7-24 单击"旋转与倾斜"按钮   图7-25 旋转图像

旋转对象时，对象将以默认的或者用户自己设置的中心点为旋转中心。如果需要将两个以上的对象以同一点为中心进行旋转，只需将它们转化为一个组合，然后移动此组的公共中心点即可。

2. 倾斜对象

倾斜对象的具体操作步骤如下。

01 选择工具箱中的"任意变形"工具，在工具箱下方的选项中单击"旋转与倾斜"图标，如图7-26所示。

02 将鼠标移动到矩形框的边框上，当鼠标指针变为或形状时，按住鼠标左键不放拖动，即可倾斜对象，如图7-27所示。

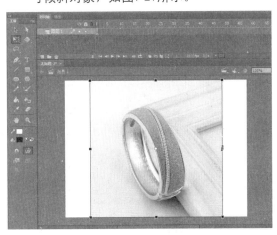

图7-26　单击"旋转与倾斜"

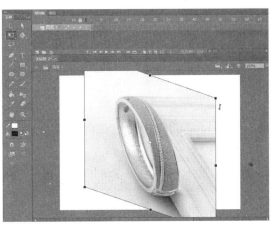

图7-27　倾斜对象

7.2.4　课堂小实例——翻转对象

翻转对象是将选中的图像沿水平方向或垂直方向镜像得到的图形。翻转对象的具体操作步骤如下。

01 如果希望对对象进行一些特殊角度的旋转，可以通过"修改"|"变形"菜单下的几个子命令来对对象进行旋转，原图7-28所示。

02 下边仅以"垂直翻转°"为例，将对象从当前角度翻转180°，选取此命令后如图7-29所示。

图7-28　原始图像

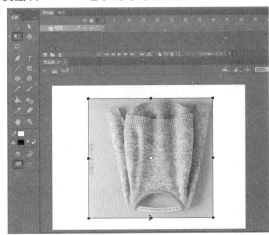

图7-29　翻转对象

7.2.5　课堂小实例——对象的扭曲及封套变形

当修改形状时，利用"扭曲"工具和"封套"工具可提高用户创作的灵活性和效率。

1. 使用"扭曲"工具

扭曲变形不是缩放、旋转等简单的变形，而是使对象的形状本身发生本质性的变化，具体操作步骤如下。

01 选中要扭曲的位图对象，选择"修改"|"位图"|"转换位图为矢量图"命令，在弹出的对话框中进行相应设置，单击"确定"按钮，完成转换后的图形，如图7-30所示。

02 选择工具箱中的"任意变形"工具，在下面的附属选项中选择"扭曲"工具，在对象的周围出现了控制点，用鼠标按照控制点拖动，可以扭曲对象，如图7-31所示。

图7-30 转换位图为矢量图

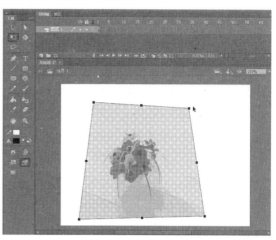

图7-31 扭曲对象

需要注意的是，要进行扭曲变形的对象必须是填充形式的，如矢量图或打散后的图形形状，所以其他形式的对象（如位图）必须首先进行打散或转换成矢量图，这是进行扭曲操作的前提条件。

2. 使用"封套"工具

除此之外，还可以对对象使用封套变形，和扭曲变形一样仍需要注意的是，要进行封套变形的对象也必须是填充形式的，所以其他形式的对象在进行封套变形前也要首先打散或者转换成矢量图。封套变形可以得到更加奇妙的变形效果，弥补了扭曲变形在某些局部无法照顾到的缺陷，具体操作步骤如下。

01 选择工具箱中的"任意变形"工具，在下面的附属选项中选择"封套"工具，在对象的周围出现了控制点，如图7-32所示。

02 按住鼠标拖动控制点对对象进行局部的变形，这种变形可以很细致和精确，如图7-33所示。

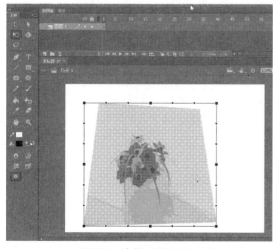

图7-32 选择"封套"工具

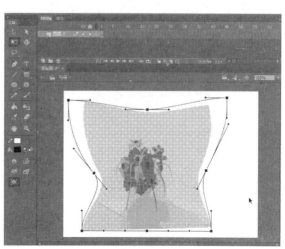

图7-33 封套变形

7.3 组合、排列、分离对象

在对对象进行编辑时，排列与组合是非常重要的两种方法。

7.3.1 组合对象

组合功能不仅适用于Flash 绘制的矢量图，而是适用于所有的对象。有时在编辑复杂动画时，可以充分利用组合功能，根据需要将一些具有相同作用的对象进行组合，作为一个整体来编辑，这样就可以大大简化操作。组合操作涉及对象的并组与解组两部分操作，并组后的对象可以被同时移动、复制、缩放和旋转等。组合对象的具体操作步骤如下。

01 按住Shift键，选中需要组合的对象，如图7-34所示。

02 执行"修改"|"组合"命令或按Ctrl+G快捷键，将选中的对象进行组合，如图7-35所示。

图7-34 选中需要组合的对象

图7-35 对象进行组合

如果要对单个对象进行编辑时，选中要进行编辑的对象，执行"修改"|"取消组合"命令或者按Ctrl+Shift+G组合键取消组合的对象。还有一种方法是在组合后的对象上双击，即可进入单个对象的编辑状态。

7.3.2 排列对象

利用"对齐"面板的各项功能可以将对象精确地排列，并且还有调整对象间距、匹配大小等功能。执行"窗口"|"对齐"命令，打开"对齐"面板，如图7-36所示。

图7-36 "对齐"面板

"对齐"面板包括了"对齐"、"分布"、"匹配大小"和"间隔"4个功能类型，各按钮的作用如下。

★ 在"对齐"方式中有垂直和水平对齐两种。
 ◆ "垂直对齐"：可分别将对象在垂直方向向左、居中、向右对齐。
 ◆ "水平对齐"：可分别将对象在水平方向向左、居中、向右对齐。
★ 在"分布"方式中有垂直和水平等距两种。
 ◆ "垂直等距"：可分别将对象按顶部、中点、底部在垂直方向等距离排列。
 ◆ "水平等距"：可分别将对象以顶部、中点、底部为基准在水平方向等距离排列。
★ 匹配大小：可分别将对象进行水平缩放、垂直缩放、等比例缩放。其中最左的对象是其他所有对象匹配的基准。
★ 间隔：可以使对象在垂直方向或水平方向的间隔距离相等。

使用排列对象功能可以改变舞台对象的层叠顺序，执行"修改"|"排列"命令，在弹出的子菜单中选择相应的排列方式，如图7-37所示。

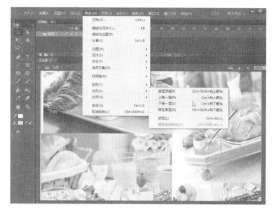

图7-37　菜单命令

排列对象的具体操作步骤如下。

01 选中舞台中中间的层叠排列对象，如图7-38所示。

02 执行"修改"|"排列"|"上移一层"命令，将中间的图像上移一个层，如图7-39所示。

图7-38　选中排列对象

图7-39　排列对象

7.3.3　分离对象

使用分离命令，可以分离组合对象、文本块、实例、位图，使之成为分离的可编辑元素。分离对象的具体操作步骤如下。

01 按住Shift键，选中需要分离的对象，如图7-40所示。

02 执行"修改"|"分离"命令，将选中的对象进行分离，如图7-41所示。

图7-40　选中需要分离的对象

图7-41　将选中的对象进行分离

7.4 实战应用——变形图像

下面讲述利用本章的操作讲述对图像的变形，如图7-42所示，具体操作步骤如下。

原始文件：最终文件/CH07/实例.jpg

最终文件：最终文件/CH07/变形图像.fla

图7-42　变形图像

01 启动Flash CC，新建一空白文档，在"属性"面板中修改文档大小，如图7-43所示。

图7-43　新建文档

02 执行"文件"|"导入"命令，弹出"导入"对话框，选择需要导入的图像，如图7-44所示。

03 单击"打开"按钮，导入图像文件，如图7-45所示。

04 选中导入的图像按Ctrl+B快捷键分离图像，如图7-46所示。

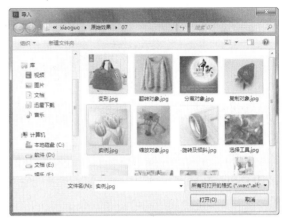

图7-44　选择图像

图7-45　导入图像

图7-46　分离图像

05 选择工具箱中的"任意变形工具"，在舞台中单击选中图像，如图7-47所示。

06 在"属性"面板中单击"封套"按钮，如图7-48所示。

图7-47 选中图像

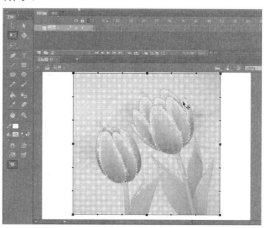

图7-48 单击"封套"按钮

07 单击各个节点，变形图像，如图7-49所示。

08 在"属性"面板中单击"扭曲"按钮，变形图像效果如图7-50所示。

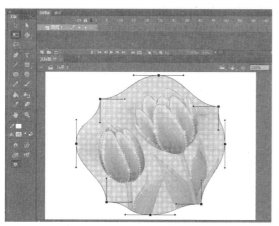

图7-49 变形图像

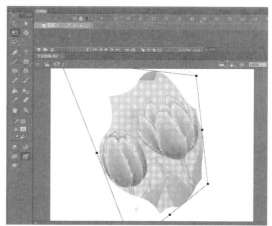

图7-50 扭曲变形图像

7.5 课后练习

一、填空题

1. 对舞台中的对象进行编辑必须先选择对象。因此选择对象是Flash中的最基本的操作。选择对象有很多种方法。Flash中提供了多种选择工具，主要有_____、_____和"套索"工具。

2. 移动对象的方法通常有4种，分别是利用_____、_____、_____和"信息"面板进行移动。

二、操作题

利用工具箱中的移动和任意变形工具，对下面的图像进行移动和任意变形，如图7-51所示。

图7-51　文本效果

7.6 本课小结

在制作动画的过程中，设计者也需要根据设计的动画流程，对相关的对象进行移动、换位、变形等编辑操作，并根据生成动画的预览效果反复对对象相应的属性进行修改，直到满意为止。所以，针对对象的编辑可以说是使用Flash制作动画的基本的和主体的工作，只有熟练掌握了编辑对象的方法和技巧，才能在后面的动画制作中得心应手。

第8课
图层操作和基本动画的制作

本课导读

在以往的动画制作中，通常是要绘制出每一帧的图像，或是通过程序来制作，而Flash使用关键帧技术，通过对时间轴上的关键帧的制作，会自动生成运动中的动画帧，节省了制作人员的时间，也提高了效率。在一个完整的Flash动画中，往往会应用到多个图层，每个图层分别控制不同的动画效果，要创建效果较好的Flash动画就需要为一个动画创建多个图层，以便于在不同的图层中制作不同的动画，通过多个图层的组合形成复杂的动画效果。

技术要点
★ 时间轴
★ 帧的操作
★ 创建动画
★ 图层的具体含义
★ 图层的基本操作
★ 使用图层创建动画

8.1 时间轴

时间轴是Flash中最重要、最核心的部分，所有的动画顺序、动作行为、控制命令以及声音等都是在时间轴中编排的。

8.1.1 时间轴面板

在Flash中，时间轴位于工作区的右下方，是进行Flash动画创建的核心部分。时间是由图层、帧和播放头组成，影片的进度通过帧来控制。时间轴可以分为两个部分：左侧的图层操作区和右侧的帧操作区，如图8-1所示。

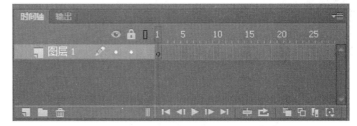

图8-1　时间轴面板

8.1.2 帧、关键帧和空白关键帧

帧是创建动画的基础，也是构建动画最基本的元素之一。在"时间轴"面板中可以很明显地看出帧与图层是一一对应的。

在时间轴中，帧分为3种类型，分别是普通帧、关键帧、空白关键帧。

1. 普通帧

普通帧起着过滤和延长关键帧内容显示的作用。在时间轴中，普通帧一般是以空心方格表示，每个方格占用一个帧的动作和时间，如图8-2所示是在第20帧处插入了普通帧。

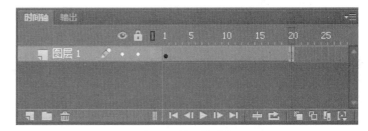

图8-2　插入普通帧

2. 空白关键帧

空白关键帧是以空心圆表示。空白关键帧是特殊的关键帧，它没有任何对象存在，可以在其上绘制图形。如果在空白关键帧中添加对象，它会自动转化为关键帧。一般新建图层的第1帧都为空白关键帧，一旦在其中绘制图形后，则变为关键帧。同样的道理，如果将某关键帧中的全部对象删除，则此关键帧会转化为空白关键帧，如图8-3所示。

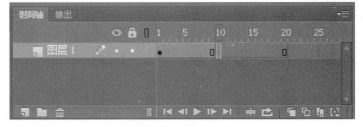

图8-3　空白关键帧

3. 关键帧

关键帧是用来定义动画变化的帧。在动画播放的过程中，关键帧会呈现出关键性的动作或内容上的变化。在时间轴中的关键帧显示实心的小圆球，存在于此帧中的对象与前后帧中的对象的属性是不同的，在时间轴面板中插入关键帧，如图8-4所示。

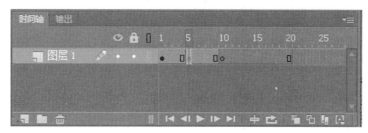

图8-4 关键帧

8.2 帧的操作

动画是由帧来建立的，虽然帧的类型和作用各不相同，但基本的操作是类似的。对于帧的操作有多种，包括选择帧和帧列、插入帧、复制、粘贴与移动帧、删除帧等。

8.2.1 帧的选择

如果对象占据了一个帧列，并且此帧列是由一个关键帧开始，由一个普通帧结束，或者此帧列为补间渐变动画所在帧列，那么只要在舞台上选取此对象，即可将此帧列选中，如图8-5所示。

如果需要同时选取某图层中的所有帧，可以选取此图层标题栏或者在此图层某帧上双击鼠标。

图8-5 选取帧列

如果需要选取任意一段连续帧，可以先按下Shift键，然后用鼠标在选取段的开始和结束部分分别单击鼠标，或者在帧上拖动鼠标来进行选取，都可以实现任意连续帧的选取，如图8-6所示。

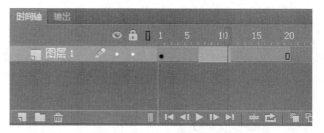

图8-6 拖动鼠标选取连续帧

如果需要选取不连续的若干帧，可以先按下Ctrl键，然后分别单击要选取的帧，如图8-7所示。

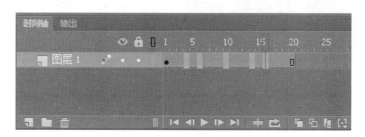

图8-7 拖动鼠标选取连续帧

105

8.2.2 帧的复制和移动

1. 复制帧

在制作动画时，有时需要对所创建的帧进行复制，复制帧有以下几种方法。

★ 选中单个帧，单击鼠标右键，在弹出的菜单中选择"复制帧"选项，即可复制帧。

★ 选中单个帧，执行"编辑"|"复制帧"命令，复制帧。

2. 移动帧

选中要移动的帧后，单击鼠标右键，在弹出的菜单中选择"剪切帧"命令，然后在目标位置单击鼠标右键，在弹出的菜单中选择"粘贴帧"命令，来进行移动帧。

8.2.3 帧的删除和消除

在制作动画的时，有时所创建的帧不符合要求或不需要就可以将该帧删除，删除帧有以下几种方法。

★ 选中要删除的帧，单击鼠标右键，在弹出的菜单中选择"删除帧"选项，即可删除帧。

★ 选中要删除的帧，按Delete键即可删除帧。

清除帧可以将有内容的帧转换为空白关键帧，将关键帧转换为普通帧，清除帧有以下几种方法。

★ 选中要清除的帧，单击鼠标右键，在弹出的菜单中选择"清除帧"选项，即可清除帧。

★ 选中要删除的帧，执行"编辑"|"清除帧"命令，清除帧。

8.2.4 使用绘图纸外观

通常情况下，Flash在舞台中一次显示动画序列的一个帧。为了帮助定位和编辑逐帧动画，可以在舞台中一次查看两个或多个。播放头下面的帧用全彩色显示，但是其余的帧是暗淡的，看起来就好像每个帧是画在一张半透明的绘图纸上，而且这些绘图纸相互层叠在一起。无法编辑暗淡的帧。

单击"绘图纸外观"按钮，在起始绘图纸外观和结束绘图纸外观标记，之间的所有帧被重叠为"影片"窗口中的一个帧，如图8-8所示。

要将绘图纸外观帧显示为轮廓，单击"绘图纸外观轮廓"按钮，如图8-9所示。

图8-8 绘图纸外观

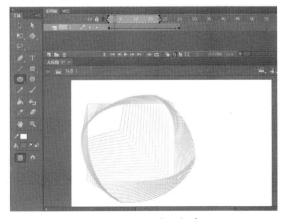

图8-9 绘图纸外观轮廓

要更改任一绘图纸外观标记的位置，将它的指针拖到一个新的位置。

要编辑绘图纸外观标记之间的所有帧，请单击"编辑多个帧"按钮。绘图纸外观通常只允许编辑当前帧，如图8-10所示。但是，可以正常显示绘图纸外观标记之间的每个帧的内容，并且使每个帧可以编辑，而不管它是不是当前帧。

当绘图纸外观打开时，锁定层（有个挂锁图标的层）不会显示。为了避免搞乱多数图像，可以锁定或隐藏不想使用绘图纸外观的层。

单击"修改绘图纸标记"按钮，然后从菜单中选择一个项目，如图8-11所示。

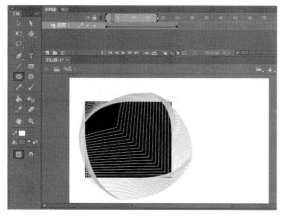

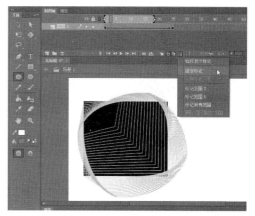

图8-10 编辑多个帧　　　　　　图8-11 修改绘图纸标记

★ "始终显示标记"选项会在时间轴标题中显示绘图纸外观标记，无论绘图纸外观是否打开。
★ "标记范围2"选项会在当前帧的两边显示两个帧。
★ "标记范围5"选项会在当前帧的两边显示五个帧。
★ "标记所有范围"选项会在当前帧的两边显示全部帧。

8.3 创建动画

在Flash中，可以轻松地创建丰富多彩的动画效果，并且只需要通过更改时间轴每一帧中的内容，就可以在舞台上制作出移动对象、更改颜色、旋转、淡入淡出或更改形状的效果。

8.3.1 课堂小实例——创建逐帧动画

逐帧动画最适合于每一帧中的图像都在更改，而不仅仅是简单地在舞台中移动的复杂动画。逐帧动画增加文件大小的速度比补间动画快得多，所以逐帧动画的体积一般会比普通动画的体积大。在逐帧动画中，Flash会保存每个完整帧的值。

下面通过实例的制作来说明逐帧动画的制作流程，本例设计的逐帧动画效果如图8-12所示。

图8-12 创建逐帧动画

01 新建一空白文档，在属性面板中修改文档大小，如图8-13所示。
02 执行"文件"|"导入"|"导入到舞台"命令，导入图像文件，如图8-14所示。

107

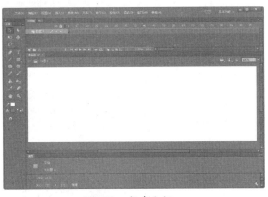

图8-13　新建文档

图8-14　导入图像文件

03 选择第2帧，按F6键插入关键帧。选择工具箱中的"文本工具"，输入文字"庆"，如图8-15所示。

04 选择第3帧，按F6键插入关键帧。选择工具箱中的"文本工具"，输入文字"新"，如图8-16所示。

图8-15　输入文本

图8-16　输入文本

05 同步骤4在第4-7帧插入关键帧，并输入相应的文本，如图8-17所示。

06 单击选中第30帧，在第30帧按F5键插入帧，即可完成逐帧动画的创建，图8-18所示。

图8-17　输入文本

图8-18　插入帧

8.3.2　课堂小实例——创建形状补间动画

　　形状补间动画适用于图形对象。在两个关键帧之间可以制作出图形变形效果，让一种形状可以随时间变化成另一个形状；还可以使形状的位置、大小和颜色进行渐变。

　　下面制作如图8-19所示的形状补间动画，具体操作步骤如下。

01 新建一空白文档，导入图像文件，如图8-20所示。

02 选择导入的图像，按Ctrl+B快捷键分离图像，如图8-21所示。

03 在图层1的第50帧按F6键插入关键帧，如图8-22所示。

图8-19 形状补间动画

图8-20 导入图像文件

图8-21 分离图像

图8-22 插入关键帧

04 选择工具箱中的"任意变形工具"，单击"扭曲"选项，调整图像的形状，如图8-23所示。

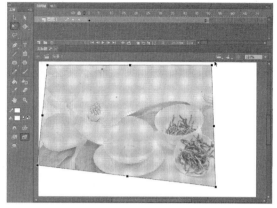

图8-23 调整图像的形状

05 单击底部的"封套"选项，调整图像的形状，如图8-24所示。

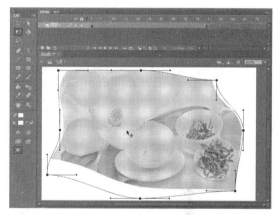

图8-24 调整图像的形状

06 单击1-50帧之间的任意一帧，在弹出的快捷菜单中选择"创建补间形状"命令，即可完成创建形状补间动画，如图8-25所示。

图8-25 创建形状补间动画

8.3.3　课堂小实例——创建动画补间

动画补间需要在一个点定义实例的位置、大小及旋转角度等属性，然后才可以在其他位置改变这些属性，从而由这些变化产生动画。下面以实例讲述Flash中动画补间的具体操作，创的补间动画效果如图8-26所示。

图8-26　动画补间

01 新建一空白文档，导入图像文件，如图8-27所示。

02 选择第40帧按F5键插入关键帧，设置帧延迟时间，如图8-28所示。

图8-27　导入图像文件

图8-28　插入关键帧

03 单击时间轴面板中的"新建图层"按钮，新建图层2，如图8-29所示。

04 执行"文件"|"导入"|"导入到舞台"命令，导入图像文件，如图8-30所示。

图8-29　新建图层2

图8-30　导入图像文件

05 在第40帧按F6键插入关键帧,如图8-31所示。

06 选中图层2的第1帧,将导入的图像向上方移动,如图8-32所示。

图8-31 插入关键帧

图8-32 移动图像

07 选择图层2的第40帧,将图像向下移动到合适的位置,如图8-33所示。

08 在图层2单击1-50帧之间的任意一帧,在弹出的快捷菜单中选择"创建传统补间"命令,即可完成形状补间动画的创建,如图8-34所示。

图8-33 移动图像

图8-34 创建形状补间动画

8.4 图层的具体含义

使用图层有助于内容的整理。每一个图层上都可以包含任何数量的对象,这些对象在该图层上又有其自己内部的层叠顺序。

8.4.1 图层的概念

在Flash动画中,图层就像一张张透明的纸,在每一张纸上面可以绘制不同的对象,将这些纸重叠在一起就能组成一幅幅复杂的画面。其中上面层中的内容,可以遮住下面层中相同位置的内容,但如果上面一层的一些区域没有内容,透过这些区域就可以看到下面一层相同位置的内容。在Flash中,每个图层都是相互独立的,拥有独立的时间轴和独立的帧,可以在一个图层上任意修改图层中的内容而不会影响到其他图层的内容。

在创作比较复杂的场景及动画时,整个动画的组织就显得极为重要。而图层就是动画工作者手中最有利的组织工具。通过将不同的对象(如背景图像或元件)放置在不同的图层上,动画制作者可以很容易做到用不同的方式对动画进行定位、分离和重新排序等操作。层使动画制作者能够对动画的特定区域或特定对象进行处理而不影响其他图层包含的内容，并且还不会被其他图层的对象所干扰。使用图层还可以避免错误删除或编辑一个对象。在Flash中使用图层几乎能处理任何对象，包括建立元件、动画剪辑和图形。然而，无论在何处使用，图层都是以同样的方式工作，它的功能都是不变的。

Flash文件中的每一个场景都可以包含任意数量的图层，而在每个元件中，也可以包含任意数量的图层，可以说图层在动画制作中是无处不在的。当用户创建动画时，可以使用图层和图层文件夹来组织动画中的元件和分离动画对象，这样它们就不会因为相连或分割而受到影响。

8.4.2 图层的主要类型

Flash以层为基本单位来组织影片，因为在同一层中不能同时控制多个对象的变化，动画制作者通过增加层，可以在一层中编辑运动渐变动画，在另一层中使用形状渐变动画而互不影响，也正因为如此，才制作出那么多较复杂经典的效果。在制作动画时，图层的类型分为3种，分别是普通层、引导层和遮罩层。

★ 普通层：普通层一般放置的对象是最基本的动画元素，如矢量对象、位图以及元件等。

★ 引导层：引导层的图案可以为绘制的图形或者对象定位。

★ 遮罩层：遮罩层可以将于遮罩图层中相链接图层中的图像遮盖起来。用户可以将多个层组合起来放在一个遮罩层下，以创建多样的效果。

8.5 图层的基本操作

使用图层可以很好地对舞台中的各个对象分类组织，并且可以将动画中的静态元素和动态元素分割开来，以减少整个动画文件的大小。

8.5.1 插入和重命名图层

1. 插入图层的方法

一个复杂的动画不可能只有一个图层，所以必须通过一些操作来增加当前动画的图层。插入一个图层有以下几种方法。

★ 单击"时间轴"面板底部的"新建图层"按钮，即可在选中图层的上方新建一个图层，如图8-35所示。

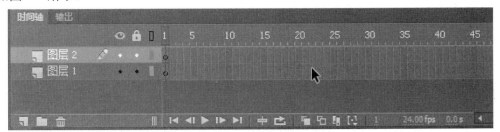

图8-35　单击"新建图层"

★ 执行"插入"|"时间轴"|"图层"命令，插入图层，如图8-36所示。

★ 在"时间轴"面板中现有图层上，单击鼠标右键，在弹出的菜单中选择"插入图层"选项，如图8-37所示。

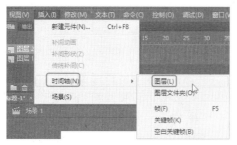

图8-36 选择"图层"命令   图8-37 选择"插入图层"选项

2. 重命名图层方法

新建图层后,系统会给图层添加一个默认的名称,这个名称通常是由"图层+数字"构成的。越先创建的图层后的数字就越小。当创建一个Flash文件时,系统会自动新建一个图层,这个原始图层的默认名称就是"图层1",以后每创建一个新图层,数字就会加一。但是当图层数量很多时,要查找某个图层的元件就会很麻烦,所以给每个图层都起一个容易辨认的名称,这样在动画制作中将省去大量的查找时间,极大地提高工作效率。例如,用来存放背景的图层就命名为"背景"、"bg"或者"background"。

★ 双击图层名称,然后在图层上输入新的名称,如图8-38所示。

★ 选中想要重命名的图层,在该图层上单击鼠标右键,在弹出的菜单中选择"属性"选项,弹出"图层属性"对话框,在"名称"文本框中输入要重名的名称。

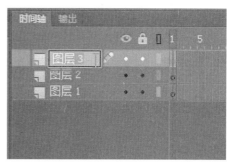

图8-38 重命名图层

8.5.2 调整图层顺序

在Flash中,可以通过使用工具箱中的"选择"工具,来移动图层来改变图层的顺序,移动图层的具体操作步骤如下。

01 选中要移动的图层,按住鼠标左键拖动,拖动图层到相应的位置,如图8-39所示。

02 释放鼠标,此时移动图层将移动到图层1的下方,如图8-40所示。

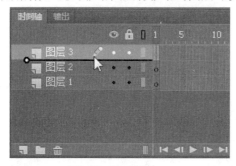

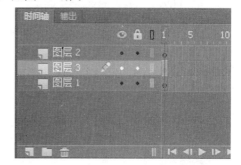

图8-39 拖动图层   图8-40 移动图层

8.5.3 设置图层属性

执行"修改"|"时间轴"|"图层属性"命令,或在图层上,单击鼠标右键,在弹出的菜单中选择"属性"选项,弹出"图层属性"对话框,如图8-41所示。

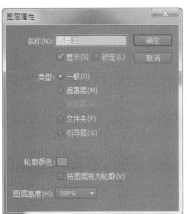

图8-41 "图层属性"对话框

在"图层属性"对话框中可以设置以下参数。

★ 名称：在文本框中设置图层的名称。

8.5.4 插入和编辑图层文件夹

在创建了一个新图层或图层文件夹后，将出现在所选图层的上方，同时新添加的图层将成为活动图层。

一般新建的Flash文档只有一个默认的层，即图层1，如果需要再添加一个新的图层，可以选择以下几个操作。

01 单击"时间轴"面板下方"插入图层文件夹"按钮，即可新建一个图层文件夹，如图8-42所示。

★ 显示：勾选该复选框，将显示该图层，否则隐藏该图层。

★ 锁定：勾选该复选框，将锁定图层，取消选择则解锁该图层。

★ 类型：设置图层的种类。
　◆ 一般：默认的普通图层。
　◆ 引导层：为该图层创建引导图层。
　◆ 遮罩层：为该图层建立遮罩图层。
　◆ 被遮罩：该图层已经建立遮罩图层。
　◆ 文件夹：创建图层文件夹。

★ 轮廓颜色：选择图层的轮廓线颜色。
　◆ 将图层视为轮廓：选择该项，表示将图层的内容显示为轮廓状态。

★ 图层高度：选择图层，在"时间轴"面板中的高度，可以选择100%、200%和300%。

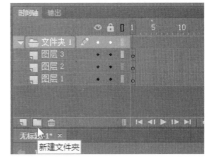

图8-42 新建图层

02 执行"插入"|"时间轴"|"图层文件夹"命令，如图8-43所示，即可新建一个图层文件夹。

03 在"时间轴"面板中已有的图层上，单击鼠标右键，在弹出的菜单中选择"插入文件夹"选项，如图8-44所示，即可插入一个图层。

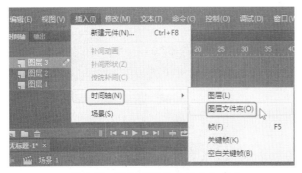

图8-43 选择"图层文件夹"命令

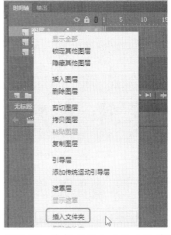

图8-44 选择"插入文件夹"选项

8.5.5　删除图层

当时间轴面板中有不需要的图层，可以将其删除。可以执行以下操作来删除图层。

01 选中要删除的图层，单击"时间轴"面板中的"删除图层"按钮，如图8-45所示。

02 选中要删除的图层，单击鼠标右键在弹出的菜单中选择"删除图层"选项，如图8-46所示。选中要删除的图层，拖曳到删除图层按钮。

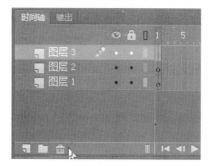

图8-45　删除图层

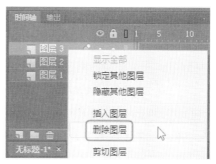

图8-46　删除图层

8.5.6　复制图层

复制图层的操作方法如下。

01 选中要复制的图层2，右键单击，在弹出的菜单中选择"复制图层"命令，如图8-47所示。

02 选择复制以后的图层，如图8-48所示。

图8-47　选择"复制图层"命令

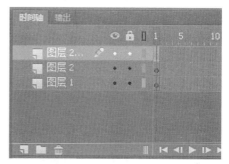

图8-48　选择复制以后的图层

8.5.7　隐藏图层

当舞台上的对象太多，操作起来感觉纷繁杂乱、无从下手，但又不能删除舞台上的对象时，可以将部分图层隐藏。这样舞台就会显得更有条理，操作起来更加方便明了。图层隐藏的方法有两种。

★ 单击"时间轴"面板上的"显示/隐藏所有层"图标下相应的某一层的原点，该层原来的圆点的位置出现一个叉，此时层的内容就会自动隐藏起来，如图8-49所示。

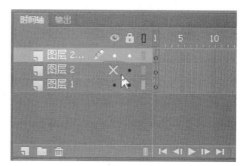

图8-49　隐藏单个图层

★　隐藏所有层，其方法是单击"时间轴"面板上方的"显示/隐藏所有层"图标 👁，如图8-50所示的所有图层的圆点都出现了叉，此时各个图层的内容都不能显示了。

如果要隐藏多个或显示多个连续的图层，只要在显示列拖曳鼠标就可以实现。按住Alt键，单击某一层的黑点，即可显示或隐藏其他所有层。

图8-50　隐藏多个图层

8.5.8　锁定和解锁图层

当编辑某个图层中的内容时，为了避免影响到其他图层中的内容，可以将其他图层锁定。而对于遮罩来说，则必须锁定才能起作用。被锁定的图层也可以解锁。

锁定和解锁图层的操作方法可选择以下任意操作。

★　单击需要被锁定的图层名称右侧的圆点按钮，使其变 🔒，如图8-51所示。

★　单击"显示/隐藏所有层"图标旁边的"锁定/解锁锁定所有图层"图标，可以锁定所有的图层和文件夹，如图8-52所示。再次单击它，可以解除所有锁定的图层和文件夹。

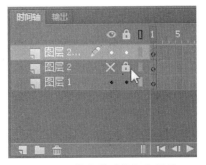

图8-51　锁定层的按钮和铅笔

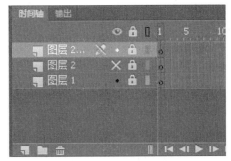

图8-52　锁定多个图层

8.6　使用图层创建动画

在一个完整的Flash动画中，往往会应用到多个图层，每个图层分别控制不同的动画效果，要创建效果较好的Flash动画就需要为一个动画创建多个图层，以便于在不同的图层中制作不同的动画，通过多个图层的组合形成复杂的动画效果。

8.6.1　课堂小实例——创建引导层动画

运动引导层使用户可以创建特定路径的补间动画效果，实例、组或文本块均可沿着这些路径运动。在影片中也可以将多个图层链接到一个运动引导层，从而使多个对象沿同一条路径运动，链接到运动引导层的常规图层相应地就成为引导层。

下面创建一个引导层动画，效果如图8-53所示。具体操作步骤如下。

01 新建一个文档，执行"文件"|"导入"|"导入到库"命令，弹出"导入到库"对话框，在对话框中选择图像文件，如图8-54所示。

02 单击"打开"按钮，将图像导入到"库"中，如图8-55所示。

图8-53 引导层动画

图8-54 "导入到库"对话框

图8-55 导入图像

03 在"库"面板中选中导入的图像"引导层动画.jpg",将其拖动到舞台中,如图8-56所示。

04 单击时间轴底部的"新建图层"按钮,新建图层2,如图8-57所示。

图8-56 拖入图像

图8-57 新建图层2

05 在"库"面板中选择qingting.png,将其拖入到舞台中合适的位置,如图8-58所示。

06 选中导入的图像,按F8键弹出"转换为元件"对话框,选择"图形",如图8-59所示。

07 单击"确定"按钮,将其转换为图形,如图8-60所示。

08 选择图层1的50帧按F5键插入关键帧,选择图层2的第50帧按F6键插入关键帧,如图8-61所示。

图8-58　拖入图像

图8-59　"转换为元件"对话框

图8-60　将其转换为图形

图8-61　插入帧和关键帧

09 选中图层2，右击鼠标在弹出的菜单中选择"添加传统运动引导层"，如图8-62所示。

10 选择命令后，在图层后上新建一个运动引导层，如图8-63所示。

图8-62　选择"添加传统运动引导层"选项

图8-63　添加运动引导层

11 选择工具箱中的"铅笔"工具，在舞台上绘制引导线，如图8-64所示。

12 选中图层2的第1帧，将图像的中心点移动到引导线的另一端，如图8-65所示。

13 选中图层2的第50帧，将图像的中心点移动到引导线的另一端，如图8-66所示。

14 在图层2的1-50帧右击，在弹出的菜单中选择"创建补间动画"，创建补间动画如图8-67所示。

图8-64 绘制引导线

图8-65 移动图像

图8-66 移动图像

图8-67 创建补间动画

8.6.2 课堂小实例——创建遮罩层动画

遮罩动画也是Flash中常用的一种技巧。遮罩动画就好比在一个板上打了各种形状的孔，透过这些孔，可以看到下面的图层。遮罩项目可以是填充的形状、文字对象、图形元件的实例或影片剪辑。用户可以将多个图层组织在一个遮罩层之下来创建复杂的效果。

下面利用遮罩层制作动画，效果如图8-68所示，具体操作步骤如下。

图8-68 遮罩层制作动画

01 新建一个文档，执行"文件"|"导入"|"导入舞台"命令，弹出"导入"对话框，在对话框中选择图像文件，如图8-69所示。

02 单击"打开"按钮，将图像导入到舞台中，如图8-70所示。

图8-69　"导入"对话框

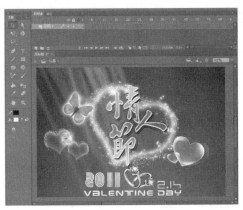

图8-70　导入图像

03 单击时间轴底部的"新建图层"按钮，新建图层2，如图8-71所示。

04 选择工具箱中的"椭圆"工具，在舞台中绘制一个大椭圆，如图8-72所示。

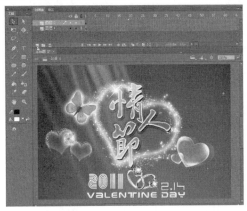

图8-71　新建图层

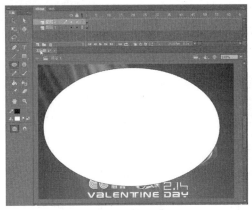

图8-72　绘制椭圆

05 单击选中图层2，右击鼠标在弹出的列表中选择"遮罩层"选项，如图8-73所示。

06 选择以后设置遮罩效果，如图8-74所示。

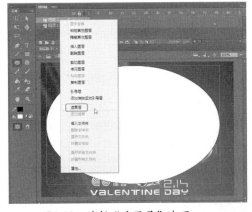

图8-73　选择"遮罩层"选项

图8-74　遮罩效果

8.7　实战应用

制作Flash动画。

本节将综合应用前面学习的时间轴面板和图层的操作基本知识，来

8.7.1 实例1——创建沿直线运动的动画

在引导层中，可以像其他层一样制作各种图形和引入元件，但最终发布时引导层中的对象不会显示出来，按照引导层的功能分为两种，分别是普通引导层和运动引导层。本实例通过引导层制作沿直线运动的动画，效果如图8-75所示，具体操作步骤如下。

原始文件：最终文件/CH08/直线运动.jpg

最终文件：最终文件/CH08/直线运动的动画.fla

图8-75 沿直线运动的动画

01 启动Flash CC，新建一空白文档，导入图像文件，如图8-76所示。

02 单击"新建图层"按钮，新建图层2，如图8-77所示。

图8-76 导入图像

图8-77 新建图层2

03 执行"文件"|"导入"|"导入到舞台"命令，导入图像文件"礼物.png"，如图8-78所示。

04 在图层1的第40帧按F5键插入帧，在图层2的第40帧按F6键插入关键帧，如图8-79所示。

图8-78 导入图像

图8-79 插入帧和关键帧

05 选择图层2的第40帧将导入的图像向下移动一段距离，如图8-80所示。

06 鼠标右击图层2的1-30帧之间，在弹出的列表中选择"创建补间动画"选项，创建补间动画，如图8-81所示。

图8-80 移动图像

图8-81 创建补间动画

8.7.2 实例2——创建沿曲线运动的动画

下面利用引导层创建如图8-82所示的沿曲线运动的动画，具体操作步骤如下。

原始文件：最终文件/CH08/曲线运动.jpg

最终文件：最终文件/CH08/曲线运动的动画.fla

01 启动Flash CC，新建一空白文档，导入图像文件，如图8-83所示。

图8-82 曲线运动的动画效果

图8-83 导入图像文件

02 单击"新建图层"按钮，新建图层2，如图8-84所示。

03 执行"文件"|"导入"|"导入到舞台"命令，导入"qiche.png"，如图8-85所示。

图8-84 新建图层2

图8-85 导入图像

04 选中图像，按F8键弹出"转换为元件"对话框，"类型"选择"图形"，如图8-86所示。

05 单击"确定"按钮，将其转化为图形元件，如图8-87所示。

图8-86 "转换为元件"对话框

图8-87 转换元件

06 在图层1的第50帧按F5键插入帧，在图层2的第50帧按F6键插入关键帧，如图8-88所示。

07 单击选择图层2，右击鼠标，在弹出的列表中选择"添加传统运动引导层"选项，添加引导层，如图8-89所示。

图8-88 插入帧和关键帧

图8-89 添加引导层

08 选择工具箱中的"铅笔"工具，绘制引导线，如图8-90所示。

09 选择图层2的第1帧，将图像移动到引导线的起点，如图8-91所示。

图8-90 绘制导线

图8-91 移动图像

10 选择图层2的第50帧，将图像移动到引导线的终点，选择工具箱中的"任意变形"工具，缩小图像，如图8-92所示。

图8-92 缩小图像

11 鼠标右击图层2的第1-50帧之间，在弹出的列表中选择"创建传统补间"，如图8-93所示。

12 选择以后创建补间动画，如图8-94所示。

图8-93 "属性"面板

图8-94 创建补间动画效果

8.7.3 实例3——探照灯效果

下面利用遮罩层创建探照灯效果如图8-95所示的动画，具体操作步骤如下。

原始文件：最终文件/CH08/遮罩.jpg

最终文件：最终文件/CH08/探照灯效果.fla

图8-95 探照灯效果

01 启动Flash CC，新建一空白文档，导入图像文件，如图8-96所示。

图8-96 导入图像文件

02 单击"新建图层"按钮，新建图层2，如图8-97所示。

03 选择工具箱中的"椭圆"工具，在舞台中绘制椭圆，如图8-98所示。

04 选中导入的图像，按F8键弹出"转换为元件"对话框,"类型"选择"影片剪辑",如图8-99所示。

图8-97 新建图层2

图8-98 绘制椭圆

图8-99 "转换为元件"对话框

05 单击"确定"按钮,将其转化为影片剪辑元件,进入元件编辑模式,如图8-100所示。

图8-100 元件编辑模式

06 选中第30帧,按F6键插入关键帧,将椭圆向下移动一段距离,如图8-101所示。

图8-101 移动椭圆

07 分别在第40帧和60帧插入关键帧,并移动图像,如图8-102所示。

图8-102 移动图像

08 在1-30帧之间右击鼠标,选择"创建补间形状"选项,创建补间动画,如图8-103所示。

图8-103 创建补间动画

09 同步骤8在30-40,40-60帧之间创建补间动画,如图8-104所示。

10 返回到主场景，右击图层2，在弹出的菜单中选择"遮罩层"，创建遮罩动画，如图8-105
所示。

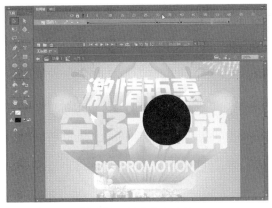
图8-104　创建多个动画

图8-105　创建遮罩动画

8.8　课后练习

一、填空题

1. 在Flash中，时间轴位于工作区的右下方，是进行Flash动画创建的核心部分。时间是由
_____、_____和_____组成，影片的进度通过帧来控制。

2. 形状补间动画适用于图形对象。在两个关键帧之间可以制作出图形变形效果，让一种形
状可以随时间变化成另一个形状；还可以使形状的_____、_____和_____
进行渐变。

二、操作题

利用时间轴制作"欢迎来到"一个一个字出现的逐帧动画效果，如图8-106所示。

图8-106　逐帧动画效果

8.9　本课小结

本课中介绍了时间轴和管理图层及编辑图层的一些方法，图层是管理

动画的最基本的工具，所以读者对这些方法一定要熟悉。复制图层、隐藏图层以及文件夹等操作，不仅使动画的条理更清晰，也能给动画制作者带来极大的方便。

引导层和遮罩能制作出曲线的补间动画以及增加动画的层次感，使动画制作中可以使用较多的方法。制作运动引导层时一定要细心，如果对象的中心没有吸附到引导线上，那么这个动画将不能正常播放。而制作遮罩动画时，制作者要对动画的层次有较深的了解，哪个是遮罩层、哪个被遮罩一定要分清。熟练使用这两个方法是制作复杂动画的铺路石。

第9课
滤镜和混合模式的使用

本课导读

滤镜的功能强大，用户需要在不断的实践中积累经验，才能使应用滤镜的水平达到炉火纯青的境界，从而创作出具有迷幻色彩的艺术作品。使用Flash混合模式，可以创建复合图像。复合是改变两个或两个以上重叠对象的透明度或者颜色相互关系的过程。混合模式也为对象和图像的不透明度增添了控制尺度。

技术要点

★ 滤镜概述
★ 滤镜的应用
★ 使用滤镜
★ 应用混合模式

9.1 滤镜概述

利用Flash滤镜，可以制作出很多简便绚丽的图片视觉特效动画，而且可以不用涉及ActionScript代码。

9.1.1　关于滤镜

可以在时间轴中让滤镜活动起来，由一个补间结合的不同关键帧上的各个对象，都有在中间帧上补间的相应滤镜的参数。如果某个滤镜在补间的另一端没有相匹配的滤镜，则会自动添加匹配的滤镜，以确保在动画序列的末端出现该效果。

为了防止在补间一端缺少某个滤镜或者滤镜在每一端以不同的顺序应用时，补间动画不能正常运行，Flash会执行以下操作。

★ 如果将补间动画应用于以应用了滤镜的影片剪辑，则在补间的另一端插入关键帧时，该影片剪辑在补间的最后一帧上自动具有它在补间开头所具有的滤镜，并且层叠顺序相同。

★ 如果将影片剪辑放在两个不同帧上，并且对于每个影片剪辑应用不同滤镜，此外，两帧之间又应用了补间动画，则Flash首先处理带滤镜最多的影片剪辑。然后，Flash会比较应用于第一个影片剪辑和第二个影片剪辑的滤镜。如果在第二个影片剪辑中找不到匹配的滤镜，Flash会生成一个不带参数并具有现有滤镜的颜色的虚拟滤镜。

★ 如果两个关键帧之间存在补间动画，并且向其中一个关键帧中的对象添加了滤镜，则Flash会在到达补间另一端的关键帧时自动将一个虚拟滤镜添加到影片剪辑。

★ 如果两个关键帧之间存在补间动画并且从其中一个关键帧中的对象上删除了滤镜，则Flash会在到达补间另一端的关键帧时自动从影片剪辑中删除匹配的滤镜。

★ 如果滤镜补间动画起始处和结束处的滤镜参数设置不一致，Flash会将起始帧的滤镜设置应用于插补帧。以下参数在补间起始和结束处设置不同时会出现不一致的设置：挖空、内侧阴影、内侧发光以及渐变发光的类型和渐变斜角的类型。

9.1.2　关于滤镜和Flash Player的性能

应用于对象的滤镜类型、数量和质量会影响SWF文件的播放性能。应用于对象的滤镜越多，Flash Player要正确显示创建的视觉效果所需的处理量也就越大。因此建议对一个给定对象只应用有限数量的滤镜。

每个滤镜都包含控件，可以调整所应用滤镜的强度和质量。在运行速度较慢的计算机上，使用较低的设置可以提高性能。如果要创建将在一系列不同性能的计算机上回放的内容，或不能确定观众可使用的计算机的计算能力，将质量级别设置为"低"，以实现最佳的回放性能。

9.2 滤镜的应用

对象每添加一个新的滤镜，在"属性"面板中就会将其添加到该对象所应用的滤镜的列表中，可以对一个对象应用多个滤镜，也可以删除以前应用的滤镜。只能对文本、按钮和影片剪辑对象应用滤镜。

129

9.2.1 应用或删除滤镜

（1）选择文本、按钮或影片剪辑对象，以应用或删除滤镜。

（2）在"属性"面板中的"滤镜"部分中，选择以下操作之一：

★ 若要添加滤镜，单击"添加滤镜"按钮，然后选择一个滤镜。试验不同的设置，直到获得所需效果，如图9-1所示。

图9-1　"添加滤镜"列表

★ 若要删除滤镜，从已应用滤镜的列表中选择要删除的滤镜，然后单击"删除滤镜"按钮，可以删除或重命名任何预设，如图9-2所示。

图9-2　删除滤镜

9.2.2 复制和粘贴滤镜

复制和粘贴滤镜具体操作方法如下。

01 选择要从中复制滤镜的对象，打开"属性"面板，然后选择面板中的"滤镜"选项部分，如图9-3所示。

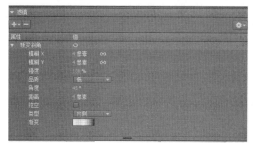

图9-3　添加滤镜

02 选择要复制的滤镜，单击面板中的"选项"按钮，然后在弹出的菜单中选择"复制所有滤镜"选项，如图9-4所示。

图9-4　复制滤镜

03 选择要应用滤镜的对象，单击面板中左下角的"选项"按钮，在弹出的菜单中选择"粘贴滤镜"选项，如图9-5所示。

图9-5　粘贴滤镜

9.2.3 为对象应用预设滤镜

为对象应用预设滤镜具体操作方法如下。

01 选择要应用的滤镜预设的对象，然后选择"滤镜"选项部分，单击右边的"选项"按钮，在弹出的列表中选择"另存为预设"选项，如图9-6所示。

图9-6　选择"另存为预设"选项

02 弹出"将预设另存为"对话框，输入预设名称，如图9-7所示。

03 单击"确定"按钮，即可成功设置为预设，如图9-8所示。

图9-7 "将预设另存为"对话框

图9-8 设置预设

9.2.4 启用或禁用应用于对象的滤镜

启用或禁用应用于对象的滤镜具体操作方法如下。

01 选中启用或禁用对象的滤镜，单击面板中底部的启用或禁用滤镜 按钮，启用或禁用对象的滤镜，如图9-9所示。

02 选中启用或禁用对象的滤镜，单击面板中底部的"添加滤镜"按钮 ，在弹出的菜单中选择"启用全部"或"禁用全部"选项，可以启用或禁用所有对象的滤镜效果，如图9-10所示。

图9-9 启用或禁用滤镜

图9-10 启用或禁用全部滤镜

9.3 使用滤镜

滤镜的出现为用户带来了一些令人振奋的新功能和新应用，这不但令设计人员欣喜若狂，而且也令程序员感到从未有过的惊喜体验。使用滤镜（图形效果），可以为文本、按钮和影片剪辑增添丰富的视觉效果。Flash所独有的一个功能是可以使用补间动画让应用的滤镜动起来。对于Flash Professional CS6和更早版本，滤镜的应用仅限于影片剪辑和按钮元件。而对于Flash Professional CC，如今还可以将滤镜额外应用于已编译的剪辑和影片剪辑组件。这样你通过单击（或双击）一个按钮，便可直接向组件添加各种效果，使应用程序看起来更为直观。

9.3.1 课堂小实例——投影滤镜

投影滤镜模拟对象投影到一个表面的效果。添加对象投影滤镜的效果如图9-11所示。

01 新建一空白文档，执行"文件"|"导入"|"导入到舞台"命令，选择图像，导入到舞台，并调整大小及图像位置，如图9-12所示。

图9-11　投影滤镜应用后

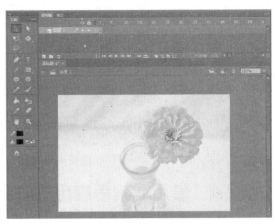

图9-12　导入图像

02 单击"时间轴"面板左下角的"新建图层"按钮，新建一图层，如图9-13所示。

03 选择工具箱中的"文本"工具，在"属性"面板中设置文本的相应属性，在文档中输入文字，如图9-14所示。

图9-13　新建图层

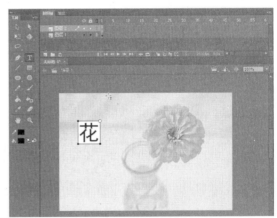

图9-14　输入文字

04 选中添加滤镜效果的对象，选择"属性"面板中的"滤镜"部分，单击"添加滤镜"按钮，在弹出的列表中选择"投影"选项，如图9-15所示。

05 选择设置投影效果后的对象，在"滤镜"面板中单击"颜色"后面的颜色按钮，弹出颜色值框，选择红色，如图9-16所示。

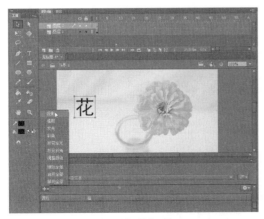

图9-15　"投影"选项

图9-16　选择投影颜色

06 选择以后即可设置为红色投影效果，如图9-17所示。

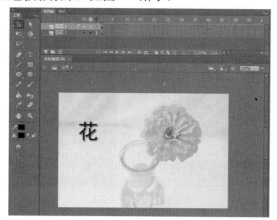

图9-17 投影效果

在投影滤镜中可以设置以下投影的参数。

★ 若要设置投影的宽度和高度，可以设置"模糊X"和"模糊Y"值。

★ 若要设置阴影暗度，可以设置"强度"值。数值越大，阴影就越暗。

★ 选择投影的质量级别。设置为"高"，则近似于高斯模糊；设置为"低"，可以实现最佳的回放性能。

★ 若要设置阴影的角度，可以输入一个值。

★ 若要设置阴影与对象之间的距离，可以设置"距离"值。

★ 选择"挖空"，可挖空（即从视觉上隐藏）源对象，并在挖空图像上只显示投影。

★ 若要在对象边界内应用阴影，可以选择"内侧阴影"。

★ 若要隐藏对象并只显示其阴影，可以选择"隐藏对象"。

★ 若要打开颜色选择器并设置阴影颜色，可以单击"颜色"控件。

9.3.2 课堂小实例——模糊滤镜

模糊滤镜可以柔化对象的边缘和细节。将模糊应用于对象，可以让它看起来好像位于其他对象的后面，或者使对象看起来好像是运动的。应用模糊滤镜效果如图9-18所示。

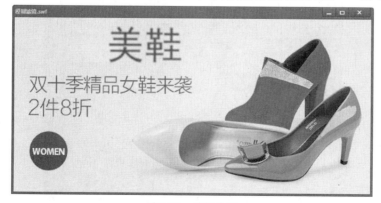

图9-18 模糊滤镜

01 新建一空白文档，执行"文件"|"导入"|"导入到舞台"命令，选择相应的图像，导入到舞台，并调整大小，如图9-19所示。

02 单击"时间轴"面板左下角的"新建图层"按钮，新建一图层，选择工具箱中的"文本"工具，在舞台中输入文本，如图9-20所示。

图9-19 导入图像　　　　　　　　　图9-20 新建图层

03 在文档中选中添加滤镜效果的对象，选择"属性"面板中的"滤镜"部分，单击"添加滤镜"按钮，在弹出的列表框中选择"模糊"选项，如图9-21所示。

04 在弹出的列表中选择"模糊"选项，选择以后设置模糊效果，如图9-22所示。

图9-21 选择"模糊"选项　　　　　　图9-22 设置模糊效果

9.3.3 课堂小实例——发光滤镜

使用发光滤镜，可以为对象的周边应用颜色，应用发光滤镜的效果如图9-23所示。

图9-23 发光滤镜

01 新建一空白文档，执行"文件"|"导入"|"导入到舞台"命令，选择相应的图像导入到舞台，并调整大小位置，如图9-24所示。

02 单击"时间轴"面板左下角的"新建图层"按钮,新建一图层,选择工具箱中的"文本"工具,在舞台中输入文本,如图9-25所示。

图9-24 导入图像

图9-25 新建图层

03 在文档中选中添加滤镜效果的对象,选择"属性"面板中的"滤镜"部分,单击"添加滤镜"按钮,如图9-26所示。

04 在弹出的列表中选择"发光"选项,选择以后设置发光效果,如图9-27所示。

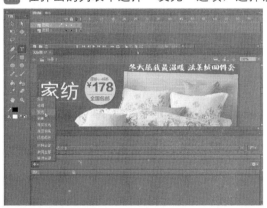

图9-26 "发光"选项

图9-27 设置发光效果

在发光滤镜中可以设置发光选项中的以下参数。

★ 若要设置发光的宽度和高度,可以设置"模糊X"和"模糊Y"值。

★ 若要打开颜色选择器并设置发光颜色,可以单击"颜色"控件。

★ 若要设置发光的清晰度,可以设置"强度"值。

★ 若要挖空源对象并在挖空图像上只显示发光,可以选择"挖空"复选框,如图9-28所示。

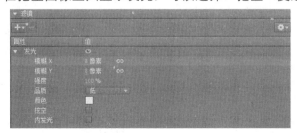

图9-28 挖空

★ 若要在对象边界内应用发光,可以选择"内侧发光"复选框。

★ 选择发光的质量级别,若设置为"高",则近似于高斯模糊;若设置为"低",可以实现最佳的回放性能。

9.3.4 课堂小实例——斜角滤镜

应用斜角滤镜就是向对象应用加亮效果，使其看起来凸出于背景表面。应用斜角滤镜效果如图9-29所示。

图9-29 斜角滤镜

01 打开文档，单击"添加滤镜"按钮，在弹出的菜单中选择"斜角"，如图9-30所示。

02 选择设置好的斜角效果，如图9-31所示。

图9-30 选择"斜角"选项

图9-31 设置斜角效果

在斜角滤镜中可以设置斜角选项中的以下参数。

★ 若要设置斜角的类型，可以从"类型"列表菜单中选择一个斜角类型。

★ 若要设置斜角的宽度和高度，可以设置"模糊 X"和"模糊 Y"值。

★ 从弹出的调色板中，选择斜角的阴影和加亮颜色。

★ 若要设置斜角的不透明度而不影响其宽度，可以设置"强度"值。

★ 若要更改斜边投下的阴影角度，可以设置"角度"值。

★ 若要定义斜角的宽度，可以在"距离"中输入一个值。

★ 若要挖空源对象并在挖空图像上只显示斜角，可以选择"挖空"。

★ 选择斜角的质量级别，设置为"高"，则近似于高斯模糊；设置为"低"，可以实现最佳的回放性能。

9.3.5 课堂小实例——渐变发光滤镜

应用渐变发光滤镜，可以在发光表面产生到渐变颜色的发光效果。渐变发光要求渐变开始处颜色的Alpha值为0，不能移动此颜色的位置，但可以改变该颜色。应用渐变发光滤镜效果如图9-32所示。

图9-32　渐变发光滤镜

01 打开文档，单击"添加滤镜"按钮，在弹出的菜单中选择"渐变发光"，如图9-33所示。

02 选择以后设置渐变发光效果，如图9-34所示。

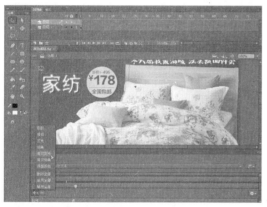

图9-33　选择"渐变发光"选项

图9-34　设置渐变发光效果

在渐变发光滤镜中可以设置渐变发光选项中的以下参数。

★ 从"类型"列表菜单中，选择要为对象应用的发光类型。

★ 若要设置发光的宽度和高度，可以设置"模糊X"和"模糊Y"值。

★ 若要设置发光的不透明度为不影响其宽度，可以设置"强度"值。

★ 若要更改发光投下的阴影角度，可以设置"角度"值。

★ 若要设置阴影与对象之间的距离，可以设置"距离"值。

★ 若要挖空源对象并在挖空图像上只显示渐变发光，可以选择"挖空"复选框。

★ 指定发光的渐变颜色。渐变包含两种或多种可相互淡入或混合的颜色。选择的渐变开始颜色称为Alpha颜色。

★ 选择渐变发光的质量级别。若设置为"高"，则近似于高斯模糊；若设置为"低"，可以实现最佳的回放性能。

9.3.6　课堂小实例——渐变斜角滤镜

应用渐变斜角可以产生一种凸起效果，使得对象看起来好像从背景上凸起，且斜角表面有渐变颜色。渐变斜角要求渐变的中间有一种颜色的Alpha值为0。应用渐变斜角滤镜效果如图9-35所示。

图9-35　渐变斜角滤镜

01 打开文档，单击"添加滤镜"按钮，在弹出的菜单中选择"渐变斜角"，如图9-36所示。

02 选择以后设置渐变斜角效果，如图9-37所示。

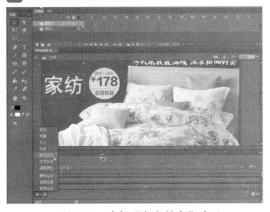

图9-36　选择"渐变斜角"选项

图9-37　设置渐变斜角效果

　　在渐变斜角滤镜中可以设置渐变斜角选项中的以下参数。

★　从"类型"列表菜单中，选择要为对象应用的斜角类型。

★　若要设置斜角的宽度和高度，可以设置"模糊X"和"模糊Y"值。

★　若要影响斜角的平滑度而不影响其宽度，可以为"强度"输入一个值。

★　若要设置光源的角度，可以为"角度"输入一个值。

★　若要挖空（即从视觉上隐藏）源对象并在挖空图像上只显示渐变斜角，可以选择"挖空"
　　复选框。

★　指定斜角的渐变颜色。渐变包含两种或多种可相互淡入或混合的颜色。中间的指针控制
　　渐变的Alpha颜色。可以更改Alpha指针的颜色，但是无法更改该颜色在渐变中的位置。

　　若要更改渐变中的颜色，从渐变定义栏下面选择一个颜色指针，然后单击渐变栏下方紧挨
着它显示的颜色空间以显示"颜色选择器"。如要调整该颜色在渐变中的级别和位置，可以滑
动这些指针。

　　要向渐变中添加指针，单击渐变定义栏或渐变定义栏的下方。若要创建有多达15种颜色转
变的渐变，全部添加15个颜色指针，要重新放置渐变上的指针，沿着渐变定义栏拖动指针。若
要删除指针，将指针向下拖离渐变定义栏。

9.3.7 课堂小实例——调整颜色滤镜

使用"调整颜色"滤镜可以很好地控制所选对象的颜色属性，包括对比度、亮度、饱和度和色相。应用调整颜色滤镜效果如图9-38所示。

图9-38 调整颜色滤镜

01 打开文档，单击"添加滤镜"按钮，在弹出的菜单中选择"调整颜色"，如图9-39所示。

02 选择以后设置调整颜色效果，如图9-40所示。

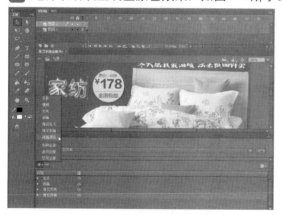 

图9-39 选择"调整颜色"选项   图9-40 设置调整颜色效果

在调整颜色滤镜中可以设置调整颜色选项中的以下参数。

★ 亮度：调整图像的亮度。   ★ 饱和度：调整颜色的强度。

★ 对比度：调整对象的加亮、阴影及中调。   ★ 色相：调整颜色的深浅。

9.4 应用混合模式

使用混合模式，可以创建复合图像。复合是改变两个或两个以上重叠对象的透明度或者颜色相互关系的过程。使用混合，可以混合重叠影片剪辑中的颜色，从而创造独特的效果。

9.4.1 关于混合模式

混合模式不仅取决于要应用混合的对象的颜色，还取决于基础颜色。试验不同的混合模式，可以获得所需效果。单击"属性"面板中的"显示"下拉菜单，即可看到混合模式，如图9-41所示。

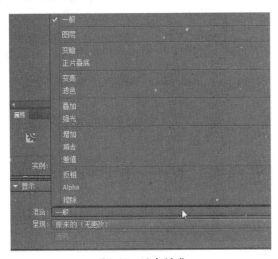

图9-41　混合模式

混合模式包含以下元素：

★ 一般：正常应用颜色，不与基准颜色发生交互。

★ 图层：可以层叠各个影片剪辑，而不影响其颜色。

★ 变暗：只替换比混合颜色亮的区域。比混合颜色暗的区域将保持不变。

★ 正片叠底：将基准颜色与混合颜色复合，从而产生较暗的颜色。

★ 变亮：只替换比混合颜色暗的像素。比混合颜色亮的区域将保持不变。

★ 滤色：将混合颜色的反色与基颜色复合，从而产生漂白效果。

★ 叠加：复合或过滤颜色，具体操作需取决于基准颜色。

★ 强光：复合或过滤颜色，具体操作需取决于混合模式颜色。该效果类似于用点光源照射对象。

★ 差值：从基色减去混合色或从混合色减去基色，具体取决于哪一种的亮度值较大。该效果类似于彩色底片。

★ 增加：通常用于在两个图像之间创建动画的变亮分解效果。

★ 减去：通常用于在两个图像之间创建动画的变暗分解效果。

★ 反相：反转基准颜色。

★ Alpha：应用Alpha遮罩层。

★ 擦除：删除所有基准颜色像素，包括背景图像中的基准颜色像素。

9.4.2　使用混合模式

一种混合模式产生的效果可能会有很大的差异，具体取决于基础图像的颜色和应用的混合模式的类型。应用混合模式正片叠底效果如图9-42所示。

01 新建一空白文档，执行"文件"|"导入"|"导入到舞台"命令，弹出"导入"对话框，如图9-43所示。

图9-42　正片叠底效果

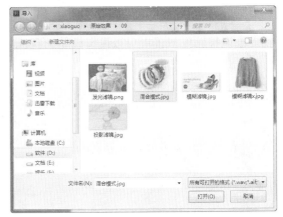

图9-43　"导入"对话框

02 单击"确定"按钮，导入图像文件，如图9-44所示。

03 选择图像，按F8键弹出"转换为元件"对话框，选择"影片剪辑"，如图9-45所示。

04 单击"确定"按钮，将其转化为影片剪辑元件，如图9-46所示。

图9-44 导入图像

图9-45 "转换为元件"对话框

05 选中图像,在"属性"面板中单击"显示"选项,在弹出的菜单中选择"亮光"选项,如图9-47所示。

图9-46 转换为元件

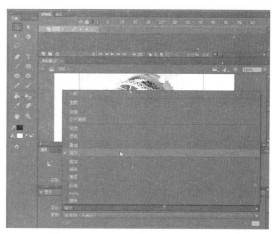

图9-47 "亮光"选项

06 选择以后即可设置亮光效果,如图9-48所示。

图9-48 设置亮光效果

9.5 实战应用——霓虹灯效果制作

伴随华灯初上,城市中那些闪烁的霓虹灯形成一道道靓丽的风景。同样,我们也能在Flash中制作出漂亮的霓虹灯。如图9-49所示,具体操作步骤如下。

最终文件：最终文件/CH09/霓虹灯效果.fla

01 启动Flash CC，新建一空白文档，如图9-50所示。

图9-49　霓虹灯效果　　　　　　　　　　　　　图9-50　新建文档

02 执行"插入"|"新建元件"命令，弹出"创建新元件"对话框，"类型"选择"影片剪辑"，如图9-51所示。

图9-51　"创建新元件"对话框

03 单击"确定"按钮，进入元件编辑模式。选择工具箱中的"椭圆"工具，在舞台中绘制椭圆，如图9-52所示。

04 选择绘制的椭圆，按F8键弹出"转换为元件"对话框，"类型"选择"图形"选项，如图9-53所示。

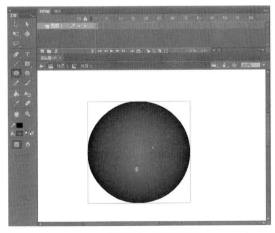

图9-52　绘制椭圆　　　　　　　　　　　图9-53　"转换为元件"对话框

05 单击"确定"按钮，将其转化为图形元件。在第30帧按F6键插入关键帧，如图9-54所示。

06 单击"新建图层"按钮，新建图层2。选择工具箱中的"文本"工具，在舞台中输入文本，如图9-55所示。

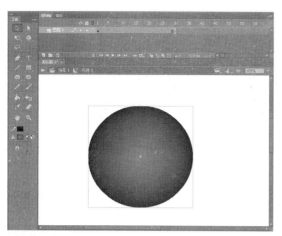

图9-54　转换为图形元件

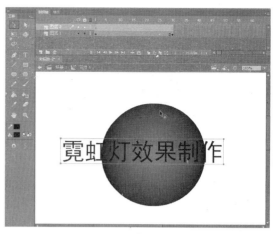

图9-55　输入文本

07 选择图层1的第1帧，将文本移动到椭圆的左边，如图9-56所示。

08 选择图层1的第2帧，将文本移动到椭圆的右边，如图9-57所示。

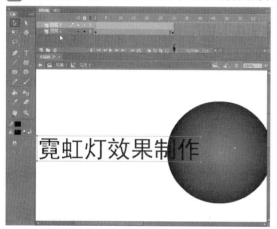

图9-56　移动文本

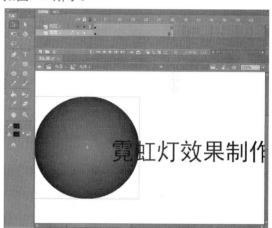

图9-57　移动文本

09 单击图层1的任意一帧，右击鼠标，在弹出的列表中选择"创建传统补间"命令，创建补间动画，如图9-58所示。

10 选择图层2，右击鼠标，在弹出的列表中选择"遮罩层"选项，如图9-59所示。

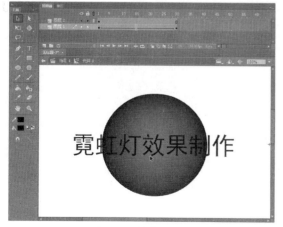

图9-58　创建补间动画

图9-59　选择"遮罩层"选项

11 选择以后设置遮罩动画，如图9-60所示。

12 返回到主场景，打开"库"面板，将制作的影片剪辑元件拖到舞台中，如图9-61所示。

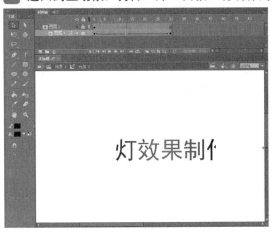

图9-60　设置遮罩动画

图9-61　拖入元件

9.6　课后练习

一、填空题

1. 对象每添加一个新的滤镜，在"属性"面板中，就会将其添加到该对象所应用的滤镜的列表中，可以对一个对象应用多个滤镜，也可以删除以前应用的滤镜。只能对_____、_____、_____对象应用滤镜。

2. 应用_____滤镜，可以在发光表面产生到渐变颜色的发光效果。渐变发光要求渐变开始处颜色的Alpha值为0，不能移动此颜色的位置，但可以改变该颜色。

二、操作题

利用所学的滤镜知识，给文本"在希望的田野"添加滤镜效果，如图9-62所示。

图9-62　滤镜效果

9.7 本课小结

　　　Flash提供了一些类似Photoshop的基本滤镜效果，有了这些滤镜，意味着以后制作文字和按钮效果就会出奇的方便了。可以无需在Flash里为了一个简单的效果进行多个对象的叠加，更没有必要因为这等小事去启动Photoshop软件了。Flash的滤镜和混合模式这两项功能大大增强了Flash的设计能力。

第10课
元件和库的使用

本课导读

　　元件是存放在库中可以重复使用的图形、按钮或动画。使用元件可以使编辑动画变得更简单，使创建交互动画变得更加容易。将元件从库中取出并且拖放到舞台上，就生成了该元件的一个实例。真正在舞台上表演的是它的实例，而元件本身仍在库中。

技术要点
★　元件
★　元件实例
★　库

10.1 元件

在影片中使用元件可以大大地减小最后生成文件的大小，使用元件其实就是采用了一种资源共享的方式。在编辑影片的过程中，可以将需要多次使用的元素制成元件，需要时直接从"库"面板中调用即可。

10.1.1 元件的功能

元件是指可以重复使用的图形、按钮或动画。由于对元件的编辑和修改可以直接应用于动画中所有应用该元件的实例，所以对于一个具有大量重复元素的动画来说，只要对元件做了修改，系统将自动地更新所有使用元件的实例。在Flash CC中，元件的类型分为3种，分别为影片剪辑元件、按钮元件和图形元件。元件一旦创建，就会被自动添加到当前影片的库中，然后可以自始至终地在当前影片或其他影片中重复使用。用户创建的所有元件都会自动变为当前文件的库的一部分。

下面归纳了4点在动画中使用元件最显著的优点。

（1）在使用元件时，由于一个实例在浏览中仅需要下载一次，这样就可以加快影片的播放速度，避免了同一对象的重复下载。

（2）使用元件可以简化影片的编辑。在影片编辑过程中，可以把需要多次使用的元素制作成元件，当修改了元件以后，由同一元件生成的所有实例都会随之更新，而不必逐一对所有实例进行更改，这样就大大节省了创作时间，提高了工作效率。

（3）制作运动类型的过渡动画效果时，必须将图形转换成元件，否则将失去透明度等属性，而且不能制作补间动画。

（4）使用元件时，在影片中只会保存元件，而不管该影片中有多少个该元件的实例，它都是以附加信息保存的，即用文字性的信息说明实例的位置和其他属性，所以保存一个元件的几个实例比保存该元件内容的多个副本占用的存储空间小。

10.1.2 课堂小实例——创建图形元件

图形元件主要用于创建动画中的静态图像或动画片段。图形元件与主时间轴同步进行。交互式控件和声音在图形元件动画序列中不起作用。创建图形元件的具体操作步骤如下。

01 新建一空白文档，执行"插入"|"新建元件"命令或者按Ctrl+F8组合键，弹出"创建新元件"对话框，如图10-1所示。

02 在对话框中的"名称"文本框中输入元件的名称，"类型"选择"图形"，单击"确定"按钮，进入图形元件编辑模式，如图10-2所示。

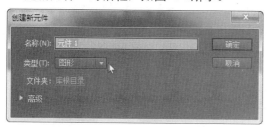

图10-1 "创建新元件"对话框

图10-2 元件的编辑模式

03 在元件的编辑区域中绘制椭圆，如图10-3所示。完成元件内容的制作后，执行"编辑"|"编辑文档"命令。

04 退出图形元件编辑模式并返回场景，在"库"面板中显示创建的图形元件，如图10-4所示。

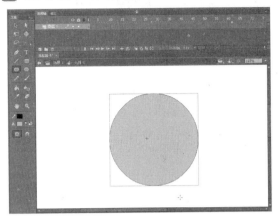

图10-3　绘制椭圆

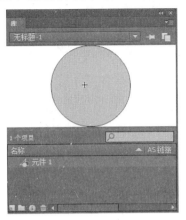

图10-4　图形元件

▌10.1.3　课堂小实例——创建影片剪辑

　　影片剪辑是Flash中最具交互性、用途最多、功能最强的部分。它基本上是一个小的独立电影，可以包含交互式控件、声音甚至其他影片剪辑实例。可以将影片剪辑实例放在按钮元件的时间轴内，以创建动画按钮。不过，由于影片剪辑具有独立的时间轴，所以它们在Flash中是相互独立的。如果主场景中存在影片剪辑，即使主电影的时间轴已经停止，影片剪辑的时间轴仍可以继续播放，这里可以将影片剪辑设想为主电影中嵌套的小电影。

　　创建影片剪辑的具体操作步骤如下。

01 新建一空白文档，执行"插入"|"新建元件"命令或者按Ctrl+F8组合键，弹出"创建新元件"对话框，如图10-5所示。

02 在对话框中的"名称"文本框中输入元件的名称，"类型"选择"影片剪辑"，单击"确定"按钮，进入影片剪辑元件的编辑模式，如图10-6所示。

图10-5　"创建新元件"对话框

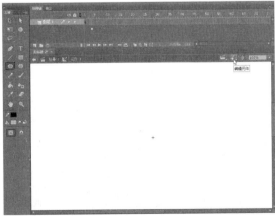

图10-6　影片剪辑编辑模式

03 选择工具箱中的"矩形"工具，在元件的编辑区域中绘制矩形，如图10-7所示。

04 选中第30帧按F6键插入关键帧，选择工具箱中的"任意变形"工具，在舞台中调整矩形的形状，如图10-8所示。

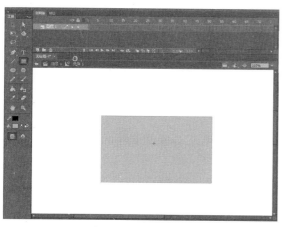

图10-7 绘制矩形　　　　图10-8 调整形状

05 选择1-30帧之间的任意一帧，右击鼠标，在弹出的列表中选择"创建补间形状"选项，创建补间动画，如图10-9所示。

06 完成元件内容的制作后，执行"编辑"|"编辑文档"命令，退出图形元件编辑模式并返回场景，在"库"面板中显示创建的影片剪辑元件，如图10-10所示。

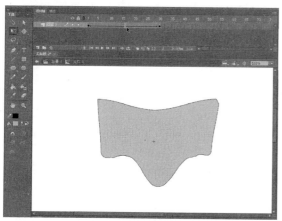

图10-9 创建补间动画

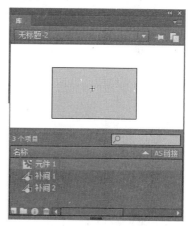

图10-10 影片剪辑元件

10.1.4 课堂小实例——创建按钮

添加了脚本程序的按钮可以响应用户对影片的操作，从而使Flash影片具有交互性，按钮实质上是一个4帧的交互影片剪辑。可以根据按钮的弹出和出现的每一种状态显示不同的图像、响应鼠标动作和执行指定的行为。

可以通过在4帧时间轴上创建关键帧，指定不同的按钮状态。

★ 弹起帧：表示鼠标不在按钮上时的状态。

★ 指针经过帧：表示鼠标指针放置在按钮上面时的状态。

★ 按下帧：表示鼠标单击按钮时的状态。

★ 点击帧：设定对鼠标单击动作时做出反应区域。

创建按钮的具体操作步骤如下。

01 新建一空白文档，执行"插入"|"新建元件"命令或者按Ctrl+F8组合键，弹出"创建新元件"对话框，如图10-11所示。

02 在对话框中的"名称"文本框中输入元件的名称，"类型"选择"按钮"，单击"确定"，进入按钮元件的编辑模式，如图10-12所示。

Flash 动画及游戏制作　课堂实录

图10-11　"创建新元件"对话框

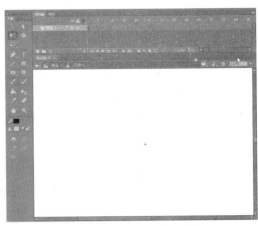

图10-12　按钮编辑模式

03 选择工具箱中的"矩形"工具,在元件的编辑区域中绘制矩形,如图10-13所示。

04 选择工具箱中的"文本"工具,在矩形上面输入文字"按钮",如图10-14所示。

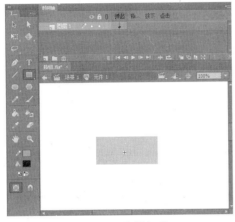

图10-13　绘制矩形

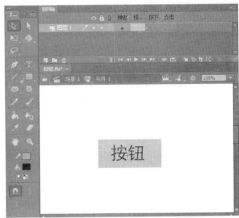

图10-14　输入文本

05 在"指帧经过"按F6键插入关键帧,在"属性"面板中更改文本颜色为红色,如图10-15所示。

06 完成元件内容的制作后,执行"编辑"|"编辑文档"命令,退出图形元件编辑模式并返回场景,在"库"面板中显示创建的按钮元件,如图10-16所示。

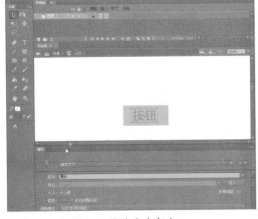

图10-15　更改文本颜色

图10-16　按钮元件

10.2 元件实例

实例是元件库中的元件在影片中的应用。创建元件以后，就可以在影片中的任何地方包括其他元件中创建它的实例。

10.2.1 创建元件实例

在制作Flash动画中，经常会重复使用一些相同的素材和动画片段，如果总是重复地使用相同的动画和素材，不但会降低工作效率，还会增加动画文件的大小，导致在浏览和上传时，容易造成速度过慢的问题。

01 新建一空白文档，导入图像文件，如图10-17所示。

02 在舞台中选择要转换为元件的对象。执行"修改"|"转换为元件"命令，弹出"转换为元件"对话框，如图10-18所示。

图10-17 导入图像文件　　　　　图10-18 "转换为元件"对话框

03 单击"确定"按钮，即可将选中的图像转换为元件，如图10-19所示。

04 执行"窗口"|"库"命令，打开"库"面板，在"库"面板中可以看见转换后的图像元件，如图10-20所示。

图10-19 转换为元件　　　　　图10-20 图形元件

10.2.2 改变实例类型

在Flash中，实例的类型是可以互相转换的。通过改变实例的类型来重新定义它在动画中的行为。在"属性"面板中的"实例行为"下拉列表中提供了3种类型，分别是"按钮"、"图形"和"影片剪辑",如图10-21所示。当改变了实例类型后,"属性"面板也将会进行相应的变化。

图10-21　实例类型

10.2.3　改变颜色效果

每个实例在创建时都拥有和其元件相同的属性,但在动画中全是一样的实例,必然让人感觉呆板。为了让动画更加生动,动画制作者往往需要赋予每个实例不同的属性。

1. 编辑颜色

元件的每一个实例都可以有不同的颜色效果,利用这一属性可以制作各种渐变动画。在舞台上创建一个实例,如图10-22所示。

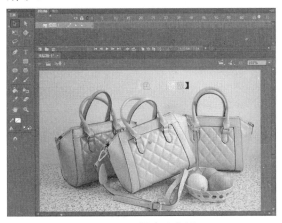

图10-22　创建的实例

单击实例"属性"面板中"色彩效果"栏的下拉按钮,在其列表框中共有以下4个选项。

(1)亮度。用来调整图像的相对亮度和暗度。明亮值在-100%～100%之间,100%为白色,-100%为黑色,默认值为0。可以直接输入数字,也可以拖动滑杆来调节,如图10-23所示。将亮度调为37%后如图10-24所示。

下面分别介绍这3种类型及属性中相应的变化。

★ 影片剪辑:在选择影片剪辑元件后,会出现文本框实例名称。在这里可为实例取一个名字,以便于在影片中控制这个实例。

★ 按钮:选择按钮后,在"交换"按钮的后面会出现一个下拉列表。

★ 图形:在选择图像后,在"交换"按钮旁会出现播放模式下拉列表。

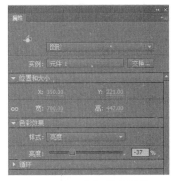

图10-23　元件亮度调整

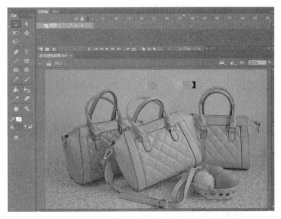

图10-24　亮度调为原图37%后的效果

(2)色调。使用一种颜色对实例图像进行着色操作。可以在颜色窗口中选择一种颜色,或输入红、绿、蓝三原色,然后在□后的文本框中输入色调的百分比,0表示没有影响;100%表示完全被选定的颜色覆盖,如图10-25所示。当色调被调为50%时原实例显示效果如图10-26所示。

(3)Alpha。调整实例图像的透明程度。如果设置为0,表示实例将完全不可见;

如果设置为100%，则表示完全可见，如图10-27所示。将该图透明度调为70%后效果如图10-28所示。

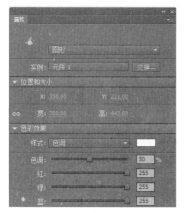

图10-25　元件色调的调整

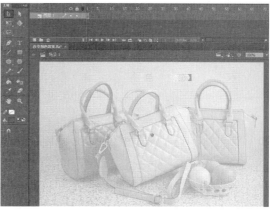

图10-26　调整色调

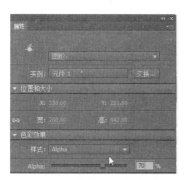

图10-27　元件透明度的调整

图10-28　调整透明度

（4）高级选项。将弹出如图10-29所示的对话框单独调整实例元件的红、绿、蓝三原色和透明度。这在制作颜色变化非常精细的动画时最有用。每一项都通过左、右两个文本框调整，左侧的文本框用来输入减少相应颜色分量或透明度的比例，右侧的文本框通过具体数值来增加或减小相应颜色或透明度的值。

图10-29　高级选项"属性"面板

10.2.4　分离实例

要断开实例与元件之间的链接，可以分离实例。将实例分离后，就可以修改实例，并且不影响元件本身和该元件的其他实例。分离实例的具体操作步骤如下。

01 打开文档，选中要分离的实例，如图10-30所示。

02 执行"修改"|"分离"命令或按Ctrl＋B快捷键将实例分离，如图10-31所示。

图10-30 选择文档

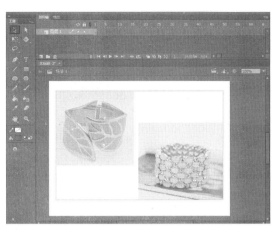

图10-31 分离图像

10.2.5 调用其他影片中的元件

可以打开其他影片的库，从而调用这个库中的元件，这样就可以利用更多已有的素材。

调用其他影片中的元件的具体操作步骤如下。

01 执行"文件"|"导入"|"打开外部库"命令，在弹出的对话框中选择相应的影片文件，单击"打开"按钮，这时会出现该影片的"库"面板，选项菜单中的命令和左上角的图标是灰色的，表明这些命令和图标是不能用的。

02 在"库"面板中选择相应的元件，拖曳到舞台中，这时将该元件复制到当前影片的库中。

10.3 库

Flash文档中的库，存储了在Flash中创建的元件以及导入的文件，如声音剪辑、位图、影片剪辑等。

10.3.1 认识库面板

"库"面板是存储和组织在Flash中创建的各种元件的地方。"库"面板中的元件包括位图图形、声音文件和视频剪辑等。此外，"库"面板还可以用来组织文件夹中的库项目，查看项目在文档中的使用信息，并按照类型对项目排序，如图10-32所示。

"库"面板包括以下几部分。

★ 名称：库元素的名称与源文件的文件名称对应。

★ 选项菜单：单击右上角的 按钮，弹出如图10-33所示的菜单，可以执行其中的命令。

图10-32 "库"面板

图10-33 弹出菜单

10.3.2 库的管理和使用

在"库"窗口的元素列表中，看见的文件类型是图形、按钮、影片剪辑、媒体声音、视频、字体和位图。前面3种是在Flash中产生的元件，后面两种是导入素材后产生的。

创建库元件可以选择以下任意一种操作。

★ 执行"插入"|"新建元件"命令。

★ 单击"库"面板中的按钮 ▼≡ ，在弹出的菜单中选择"新建元件"选项，如图10-34所示。

图10-34 选择"新建元件"选项

在"库"面板中不需要使用的库项目，可以在"库"面板中对其进行删除，删除库项目的具体操作步骤如下。

01 执行"窗口"|"库"命令，打开"库"面板。

02 选中不需要使用的项目，单击鼠标右键，在弹出的菜单中选择"删除"命令，即可将选中的项目删除，如图10-35所示。

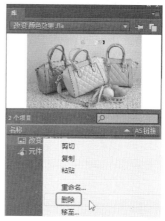

图10-35 删除项目

10.3.3 共享库资源

共享库资源允许在多个目标文档中使用源文档的资源。可以使用两种不同的方法共享库资源：运行时共享资源，源文档的资源是以外部文件的形式链接到目标文档中的。运行时资源在文档回放期间（即在运行时）加载到目标文档中。

01 执行"窗口"|"库"命令，打开"库"面板，如图10-36所示。

图10-36 "库"面板

02 选中一个字体元件、声音或位图，鼠标右键单击，在弹出的菜单中选择"属性"命令，如图10-37所示。

图10-37 选择"属性"命令

03 打开如图10-38所示的"位图属性"对话框。

04 单击Actionscript选项,在"运行时共享"选项中选择"为运行时共享导出"复选框,在"标识符"文本框中输入元件的标识符,不要有空格,这是元件的名称,Flash

将在链接到目标位置时用它表示该资源,如图10-39所示。

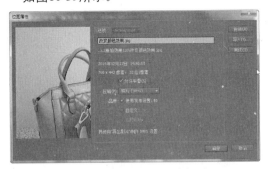

图10-38 "位图属性"对话框

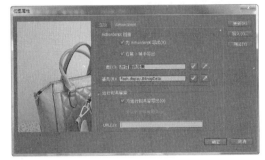

图10-39 选择"为运行时共享导出"复选

10.4 实战应用——利用元件创建按钮

元件是一种经常引用的元件,一些特定的动画效果也需要借助于元件才能够实现,灵活的运用元件可以有效的提高工作效率。利用元件制作按钮效果如图10-40所示。具体操作步骤如下。

最终文件:最终文件/CH10/按钮.jpg

最终文件:最终文件/CH10/利用元件创建按钮.fla

图10-40 利用元件创建按钮

01 启动Flash CC,新建一空白文档,修改文档大小,如图10-41所示。

02 执行"文件"|"导入"|"导入到舞台"命令，弹出"导入"对话框，选择要导入的图像，如图10-42所示。

图10-41 新建文档

图10-42 "导入"对话框

03 单击"确定"按钮，导入图像文件，如图10-43所示。

04 执行"插入"|"新建元件"命令，弹出"创建新元件"对话框，"类型"选择"按钮"选项，如图10-44所示。

图10-43 导入图像文件

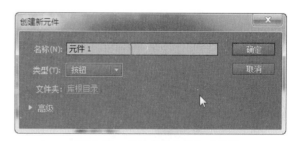

图10-44 "创建新元件"对话框

05 单击"确定"按钮，进入元件编辑模式，如图10-45所示。

06 选择"矩形"工具，在"属性"面板中将"矩形选项"设为10，如图10-46所示。

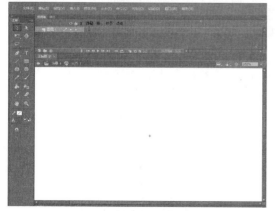

图10-45 元件编辑模式

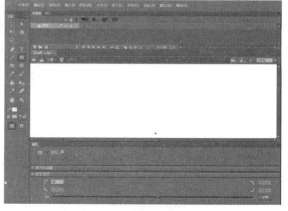

图10-46 设置矩形选项

07 按住鼠标左键在舞台中绘制矩形，如图10-47所示。

08 选中工具箱中的"文本"工具，在舞台中输入文字"进入购物"，如图10-48所示。

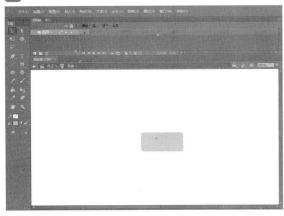
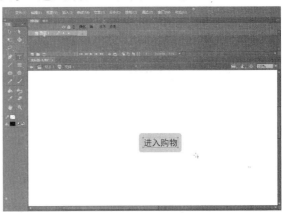

图10-47　绘制矩形　　　　　　　　　　　　　　　　图10-48　输入文本

09 单击"场景1"按钮，返回到主场景，打开"库"面板，如图10-49所示。

图10-49　"库"面板

10 将"库"面板中制作好的元件1按钮拖入到舞台中，如图10-50所示。

图10-50　拖入元件

10.5 课后练习

一、填空题

1. 在影片中使用元件可以大大地减小最后生成文件的大小，使用元件其实就是采用了一种资源共享的方式。在编辑影片的过程中，可以需要多次使用的元素制成元件，需要时直接从_____中调用即可。

2. 在"属性"面板中的"实例行为"下拉列表中提供了3种类型，分别是_____、_____和_____。

二、操作题

利用所学的元件和库的基本知识，制作新年狂欢购广告，如图10-51所示。

图10-51　新年狂欢购广告

10.6 本课小结

实例是动画最基本的元素之一，所有的动画都是由一个又一个实例组织起来的。而元件这个概念的出现使创作者能够重复使用该元件的实例而几乎不增加动画文件的大小，这个特性使得Flash动画在网络上普及起来，大大丰富了因特网的内容，增加了网络对人们的吸引力，也引发了一次又一次的Flash热潮。库则是管理元件最常用的工具了，通过库的管理使元件的应用更加灵活了。

学完本课，读者应该重点对元件的创建和编辑进行练习，这是在以后的动画制作中会反复使用到的内容。特别是影片剪辑元件，要结合脚本语言中的动画的层次一节来理解影片剪辑在动画中是如何应用的。对于按钮元件而言，主要弄清各帧之间的关系，这对于以后使用脚本命令时选择鼠标事件是非常重要的。希望读者对本课的内容反复学习，特别是对"实例和元件之间有着什么样的联系"这样的概念性的问题一定要理清。

第11课
Flash常用组件

本课导读

　　Flash带有很多自定义的组件，组件是含有一些参数的影片剪辑，通过修改这些参数可以轻松地修改组件的外观和行为。组件能够提供一切开发者所能想到的功能。一个组件可以是一个简单的用户接口，如单选框和复选框，或者它能包含一定的内容，如滚动面板。使用Flash提供的组件可以制作各种用户控制界面，如各类按钮、复选框、列表框，还可以制作更复杂的数据结构、程序链接等。

技术要点

★　组件简介

★　组件的基本操作

★　常见组件的使用

11.1 组件简介

组件是带有参数的影片剪辑，这些参数可以修改组件的外观和行为。组件既可以是简单的用户界面控件，也可以包含内容，还可以是不可见的。

有了组件后，人们就可以设计功能更加强大的程序，也不必再像以前那样笨拙地设计下拉菜单或是留言板的界面了。组件是带有参数的影片剪辑，这些参数使用户可以修改组件的外观和行为。组件可以提供创建者能想到的任何功能。组件既可以是简单的用户界面控件，也可以包含内容；组件还可以是不可视的。

任何人都可以使用组件构建复杂的Flash应用程序，即使他们对动作脚本并没有深入的了解。用户不必创建自定义按钮、组合框和列表，将这些组件从"组件"面板拖到应用程序中即可为应用程序添加功能。还可以方便地自定义组件的外观和行为来满足自己的设计需求。

每个组件都有预定义参数，可以在创作时来设置这些参数。每个组件还有一组独特的动作脚本方法、属性和事件，它们也称为 API（应用程序编程接口），使用户可以在运行时设置参数和其他选项。

11.2 组件的基本操作

在Flash中，可以在创作过程中利用"组件"面板将选定的组件添加到文档中，然后可以利用"属性"面板中的"组件参数"设置组件实例名称和组件属性。

11.2.1 课堂小实例——组件的添加与删除

可以使用"组件"面板向文档中添加组件，然后将组件从"库"面板中拖到舞台中，从而向文档中添加该组件的更多实例。添加组件的具体操作步骤如下。

01 执行"窗口"|"组件"命令，打开"组件"面板，如图11-1所示。
02 在"组件"面板中选择相应的组件，按住鼠标左键不放拖动到舞台中或者双击该组件。
删除组件的具体操作步骤如下。
01 打开"库"面板，选中删除的组件。
02 单击"库"面板底部的 按钮，或者将组件拖动到 按钮上，即可删除组件，如图11-2所示。

图11-1　"组件"面板

图11-2　删除组件

要从Flash影片中删除已添加的组件实例，可通过删除库中的组件类型图标或者直接选中舞台上的实例，按Backspace键或Delete键。

11.2.2　组件的预览与查看

动态预览模式使动画制作者在制作时能观察到组件发布后的外观，并反映出不同组件的不同参数。列表组件在动态预览模式下的舞台效果如11-3所示。

通过选择“控制”|“启用动态预览”命令，可以启动或关闭动态预览模式。

执行“窗口”|“属性”命令，打开“属性”面板，在“组件参数”中查看组件的参数，如图11-4所示。

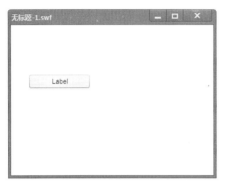

图11-3　列表组件

图11-4　“组件参数”面板

11.2.3　关于标签大小及组件的高度和宽度

如果组件实例不够大，以至无法显示它的标签，那么标签文本就会被截断。如果组件实例比文本大，那么单击区域就会超出标签。

如果使用动作脚本的“_width”和“_height”属性来调整组件的宽度和高度，则可以调整该组件的大小，而且组件内容的布局依然保持不变，这将导致组件在影片回放时发生扭曲。这就需要使用任意变形工具或各个组件对象的“setSize”或“setWidth”方法来解决。

11.3　常见组件的使用

使用组件可以快速轻松地在Flash文档中添加简单的用户界面元素。下面介绍一些常用的组件。

1. 复选框组件CheckBox

复选框是一个可以选中或取消选中的方框。复选框是表单或Web应用程序中的一个基础部分，当需要收集一组非相互排斥的选项时，都可以使用复选框。

使用CheckBox组件的具体操作步骤如下。

01 执行“窗口”|“组件”命令，打开“组件”面板，如图11-5所示。

02 在面板中选择“User Interface”|“CheckBox”选项，将其拖曳到舞台中，如图11-6所示。

03 选中CheckBox组件，执行“窗口”|“属性”命令，打开“属性”面板，组件参数如图11-7所示。

在CheckBox的组件参数中可以设置以下参数。

★　enabled：组件是否可以接收焦点和输入，默认值为true。

★ label：设置复选框的名称，默认状态为label。

★ labelPlacement：设置名称相对于复选框的位置，默认状态下，名称在复选框的右侧。

★ selected：将复选框的初始值设置为true或false。

★ visible：对象是否可见，默认值为true。

图11-5 "组件"面板

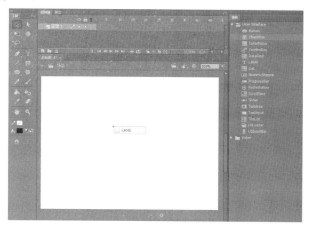

图11-6 拖入复选框

图11-7 组件参数

2. 下拉列表框组件ComboBox

在创建好的下拉列表框中单击右边的下拉按钮即可弹出设置好的下拉列表，可以在其中选择所需的选项。使用ComboBox组件的具体操作步骤如下。

01 执行"窗口"|"组件"命令，打开"组件"面板，如图11-8所示。

02 在面板中选择User Interface|ComboBox选项，将其拖曳到舞台中，如图11-9所示。

图11-8 "组件"面板

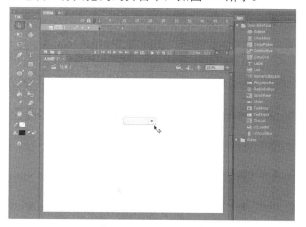

图11-9 拖入下拉列表框

03 选中ComboBox组件，执行"窗口"|"属性"命令，打开"属性"面板，组件参数如图11-10所示。

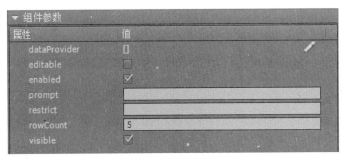

图11-10　组件参数

在ComboBox的组件参数中可以设置以下参数。

★　editable：确定ComboBox组件是否允许被编辑，如果选择true，那么该组件允许被编辑；如果选择false，那么该组件只能被选择，默认值为false。

★　enabled：组件是否可以接收焦点和输入，默认值为true。

★　rowCount：设置下拉列表中最多可以显示的项数，默认值为5。

★　restrict：可在组合框的文本字段中输入字符集。

★　visible：对象是否可见，默认值为true。

3. 按钮组件Button

在Flash中的按钮组件Button是一个可使用自定义图标来自定义其大小的按钮。按钮组件可以执行鼠标和键盘的交互事件，还可以将按钮的行为从按下改为切换。

使用Button组件的具体操作步骤如下。

01 执行"窗口"|"组件"命令，打开"组件"面板。

02 在面板中选择User Interface|button选项，将其拖曳到舞台中，如图11-11所示。

03 执行"窗口"|"属性"命令，打开"属性"面板，组件参数如图11-12所示。

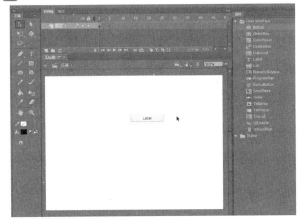

图11-11　拖入按钮到舞台　　　　图11-12　组件参数

在Button的组件参数中可以设置以下参数。

★　enabled：指示组件是否可以接受焦点和输入，默认值为true。

★　label：设置按钮上的标签名，默认值为label。

★　labe1Placement：确定按钮上的标签文本相对于图标的方向。

★　selected：如果toggle参数的值为true，则该参数指定按钮是处于按下状态（true）还是释放状态（false），默认值为false。

★　toggle：将按钮转变为切换开关。如果值是true，则按钮在单击后保持按下状态，并在再次单击时返回弹起状态；如果值是false，则按钮行为与一般按钮相同，默认值为false。

★ visible：指示对象是否可见，默认值为true。

4．列表框组件List

列表框可以在已设置的选项列表中选择需要的选项，它的属性设置与下拉列表框的属性设置相似。列表框组件List允许从一个可滚动的列表中选择一个或多个选项。

使用List组件的具体操作步骤如下。

01 执行"窗口"|"组件"命令，打开"组件"面板。

02 在面板中选择"User Interface"|"List"选项，将其拖曳到舞台中，如图11-13所示。

03 选中List组件，打开"属性"面板，组件参数如图11-14所示。

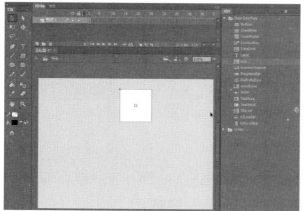

图11-13　拖入列表框组件

图11-14　组件参数

可以在"属性"检查器或"组件"检查器中为每个 List 组件实例设置下列参数：allowMultipleSelection、dataProvider、horizontalLineScrollSize、horizontalPageScrollSize、horizontalScrollPolicy、multipleSelection、verticalLineScrollSize、verticalPageScrollSize 和 verticalScrollPolicy。其中每个参数都有对应的同名 ActionScript 属性。

5．单选按钮组件RadioButton

单选按钮组件RadioButton允许在相互排斥的选项之间进行选择，RadioButton组件必须用于至少有两个RadioButton实例的组。

使用RadioButton组件的具体操作步骤如下。

01 执行"窗口"|"组件"命令，打开"组件"面板。

02 在面板中选择User Interface|RadioButton选项，将其拖曳到舞台中，如图11-15所示。

03 选中RadioButton组件，打开"属性"面板，组件参数如图11-16所示。

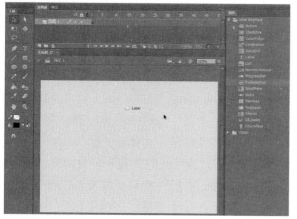

图11-15　拖入单选按钮

图11-16　组件参数

在RadioButton的组件参数中可以设置以下参数。

★ enabled：指示组件是否可以接收焦点和输入，默认值为true。

★ groupName：单选按钮的组名称，处于同一个组中的单选按钮只能选择其中的一个。默认值是radioGroup。

★ label：互助单选按钮的文本标签。

★ labelPlacement：确定单选按钮上标签文本的方向。该参数可以是下列4个值之一：left、right、top和bottom。默认值是right。

★ selected：设置单选按钮在初始化时是否被选中，如果组内有多个单选按钮被设置为true，则会选中最后实例化的单选按钮。

★ visible：指示对象是否可见，默认值为true。

6. NumericStepper组件

NumericStepper组件允许用户逐个通过一组经过排序的数字。该组件由显示在上下箭头按钮旁边的数字组成。当按下上下箭头按钮时，数字将根据stepSize参数的值增大或减小，直到用户松开鼠标按钮或达到最大/最小值为止。

使用NumericStepper组件的具体操作步骤如下。

01 执行"窗口"|"组件"命令，打开"组件"面板。

02 在面板中选择User Interface|NumericStepper选项，将其拖曳到舞台中，如图11-17所示。

03 选中NumericStepper组件，打开"属性"面板，组件参数如图11-18所示。

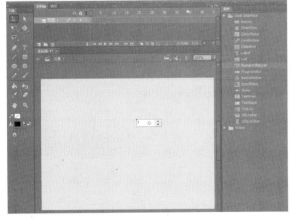

图11-17 步进器组件

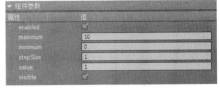

图11-18 组件参数

在NumericStepper的组件参数中可以设置以下参数。

★ value：设置当前步进的值，默认值为0。

★ minimum：设置步进的最小值，默认值为0。

★ maximum：设置步进的最大值，默认值为10。

★ stepSize：设置步进的变化单位，默认值为1。

7. 进程栏组件ProgressBar

ProgressBar组件在用户等待加载内容时，会显示加载进程。加载进程可以是确定的，也可以是不确定的。确定的进程栏是一段时间内任务进程的线性表示，当要载入的内容量已知时使用。不确定的进程栏在不知道要加载的内容量时使用。可以添加标签来显示加载内容的进程。

默认情况下，组件被设置为在第一帧导出。这意味着这些组件在第一帧呈现前被加载到应用程序中。如果要为应用程序创建动画预载画面，则需要在每个组件的"链接属性"对话框中取消对"在第一帧导出"的选择。但是对于ProgressBar组件应设置为"在第一帧导出"，因为

ProgressBar组件必须在其他内容流进入Flash Player之前首先显示。

进程栏允许在内容加载过程中显示内容的进程。当用户与应用程序交互操作时，这是必需的反馈信息。

使用ProgressBar组件的具体操作步骤如下。

01 执行"窗口"|"组件"命令，打开"组件"面板。

02 在面板中选择User Interface|ProgressBar选项，将其拖曳到舞台中，如图11-19所示。

03 选中ProgressBar组件，打开"属性"面板，组件参数如图11-20所示。

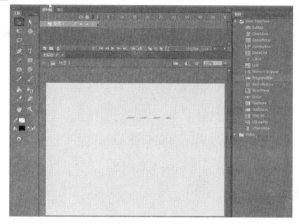

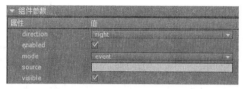

图11-19　进程栏组件　　　　　　　　　　图11-20　组件参数

在ProgressBar的组件参数中可以设置以下参数。

★　mode：进度栏运行的模式。此值可以是下列之一：event、polled或manual。默认值为事件。最常用的模式是event和polled。

★　source：一个要转换为对象的字符串，它表示要绑定源的实例名。

★　direction：进度栏填充的方向。该值可以在右侧或左侧，默认值为右侧。

8. 文本域组件TextArea

在需要多行文本字段的任何地方都可使用文本域（TextArea）组件。默认情况下，显示在TextArea组件中的多行文字可以自动换行。另外，在TextArea组件中还可以显示html格式的文本。

使用TextArea组件的具体操作步骤如下。

01 执行"窗口"|"组件"命令，打开"组件"面板。

02 在面板中选择User Interface|TextArea选项，将其拖曳到舞台中，如图11-21所示。

03 选中TextArea组件，打开"属性"面板，组件参数如图11-22所示。

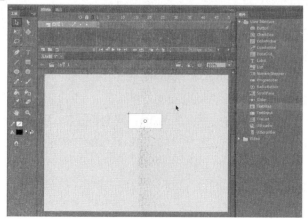

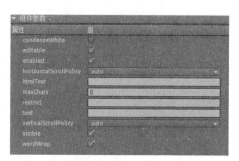

图11-21　文本域组件　　　　　　　　　　图11-22　组件参数

在TextArea的组件参数中可以设置以下参数。

★ text：指明 TextArea 的内容。用户无法在"属性"面板或"组件检查器"面板中输入回车。默认值为：""（空字符串）。

★ html：指明文本是（true）否（false）采用HTML格式。默认值为false。

★ editable：指明TextArea组件是（true）否（false）可编辑。默认值为true。

★ wordWrap：指明文本是（true）否（false）自动换行。默认值为true。

9. 滚动窗格组件ScrollPane

滚动窗格（ScrollPane）组件可以实现在一个可滚动区域中显示影片剪辑、JPEG文件和SWF文件。可以让滚动条能够在一个有限的区域中显示图像。可以显示从本地位置或 Internet 加载的内容。可以通过将scrollDrag参数设为true来允许用户在窗格中拖动内容，这时，一个手形光标会出现在内容上。

使用ScrollPane组件的具体操作步骤如下。

01 执行"窗口"|"组件"命令，打开"组件"面板。

02 在面板中选择User Interface|ScrollPane选项，将其拖曳到舞台中，如图11-23所示。

03 选中TextArea组件，打开"属性"面板，组件参数如图11-24所示。

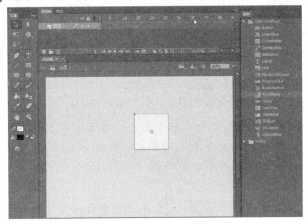

图11-23　滚动窗格组件

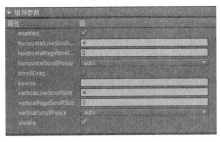

图11-24　组件参数

在ScrollPane的组件参数中可以设置以下参数。

★ horizontalLineScrollSize：指明每次按下箭头按钮时水平滚动条移动多少个单位。默认值为5。

★ horizontalScrollPolicy：显示水平滚动条。该值可以为on、off或auto。默认值为auto。

★ scrollDrag：是一个布尔值，它允许（true）或不允许（false）用户在滚动窗格中滚动内容。默认值为false。

★ verticalLineScrollSize：指明每次按下箭头按钮时垂直滚动条移动多少个单位。默认值为5。

★ verticalPageScrollSize：指明每次按下轨道时垂直滚动条移动多少个单位。默认值为20。

★ verticalScrollPolicy：显示垂直滚动条。该值可以为on、off或auto。默认值为auto。

10. 单行文本组件TextInput

在任何需要单行文本字段的地方，都可以使用单行文本（TextInput）组件。TextInput组件可以采用HTML格式，或作为掩饰文本的密码字段。在应用程序中，TextInput组件可以被启用或者禁用。在禁用状态下，它不接收鼠标或键盘输入。

使用TextInput组件的具体操作步骤如下。

01 执行"窗口"|"组件"命令，打开"组件"面板。

02 在面板中选择User Interface|TextInput选项，将其拖曳到舞台中，如图11-25所示。

03 选中TextInput组件，打开"属性"面板，组件参数如图11-26所示。

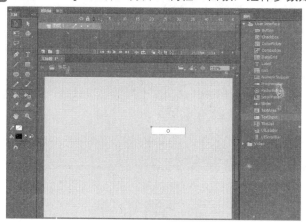

图11-25 单行文本组件

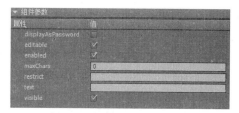

图11-26 组件参数

在TextInput的组件参数中可以设置以下参数。

★ text：指定TextInput的内容。无法在"属性"面板或"组件检查器"面板中输入回车。默认值为：""（空字符串）。

★ editable：指明TextInput组件是（true）否（false）可编辑。默认值为true。

11.4 实战应用——利用组件表单制作表单动画

下面讲述利用绘图工具绘制精美花朵效果，如图11-27所示，具体操作步骤如下。

原始文件：最终文件/CH11/组件表单.jpg

最终文件：最终文件/CH11/组件表单.fla

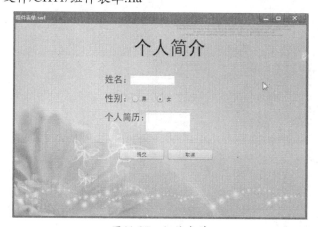

图11-27 组件表单

01 新建一空白文档，执行"文件"|"导入"命令，弹出"导入"对话框，如图11-28所示。

02 选择需要导入的图像，单击"打开"按钮，导入图像文件，如图11-29所示。

03 单击时间轴面板中的"新建图层"按钮，新建一个图层2，如图11-30所示。

04 选择工具箱中的"文本"工具，在图像的上方输入相应的文字，如图11-31所示。

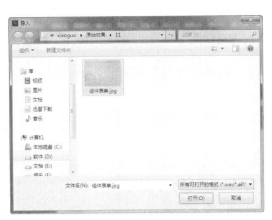

图11-28　"导入"对话框

图11-29　导入图像

图11-30　新建图层

图11-31　输入相应的文字

05 执行"窗口"|"组件"命令，打开"组件"面板，如图11-32所示。

06 在"组件"面板中选择User Interface|TextInput组件，将其拖入到"姓名"的右边，如图11-33所示。

图11-32　"组件"面板

图11-33　拖入组件"TextInput"

07 在"组件"面板中选择User Interface|RadioButton组件，将其拖入到"性别"的右边，如图11-34所示。

08 执行"窗口"|"属性"命令，打开"属性"面板，在组件参数中的Label右边的文本框中输入文字"男"，如图11-35所示。

170

图11-34　拖入组件"RadioButton"

图11-35　输入文字"男"

09 在"组件"面板中再次选择User Interface|RadioButton组件，将其拖入到单选按钮的右边，如图11-36所示。

10 执行"窗口"|"属性"命令，打开"属性"面板，在面板中的Label右边的文本框中输入文字"女"，如图11-37所示。

图11-36　再次选择组件"RadioButton"

图11-37　输入文字"女"

11 在"组件"面板中选择User Interface|TextArea组件，将其拖入到"个人简介"的右边，如图11-38所示。

12 在组件参数中的maxChars右边的文本框中输入200，在restrict右边的文本框中输入200，如图11-39所示。

图11-38　拖入组件"TextArea"

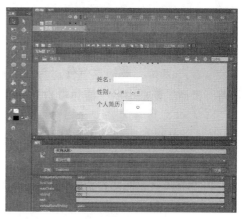

图11-39　设置参数

13 在"组件"面板中选择User Interface|Button组件，将其拖入到相应的位置，如图11-40所示。

14 打开组建参数，在面板中的Label右边的文本框中输入文字"提交"，如图11-41所示。

图11-40　拖入组件"Button"

图11-41　输入文字"提交"

15 在"组件"面板中再次选择User Interface|Button组件，将其拖入到相应的位置，如图11-42所示。

16 打开组建参数，在面板中的Label右边的文本框中输入文字"取消"，如图11-43所示。

图11-42　再次拖入组件"Button"

图11-43　输入文字"取消"

11.5 课后练习

一、填空题

1. 在Flash中，可以在创作过程中利用＿＿＿＿＿＿将选定的组件添加到文档中，然后可以利用"属性"面板中的"组件参数"设置组件实例名称和组件属性。

2. 在任何需要单行文本字段的地方，都可以使用＿＿＿＿＿＿。＿＿＿＿＿＿可以采用HTML格式，或作为掩饰文本的密码字段。

二、操作题

利用本课所学的组件内容，制作在线留言表，如图11-44所示。

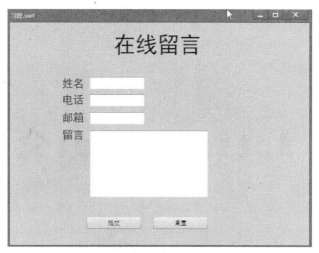

图11-44　在线留言表

11.6 本课小结

本课介绍了与组件相关的操作知识，包括组件实例的动态创建、删除、转换和组件标签等，其中又重点介绍了如何修改及应用自定义组件外观等知识。使用组件能提高Flash建站的效率，组件中提供的数据和网络服务类的组件使得Flash页面的数据与后台数据的交换更加简单。由于Flash新增的组件太多，本课不能一一介绍每种组件的使用方法及其功能，这还需要读者自己摸索。如果用这些组件建站，还可以通过网络下载及自己制作新组建来扩充组件资源。

第12课
ActionScript交互动画

本课导读

    ActionScript是Flash中开发应用程序时所使用的语言。不使用ActionScript也可以使用Flash，但是如果要提供与用户的交互性、使用内置于Flash中的对象之外的其他对象或者令SWF文件更适合于用户使用，那么还是要使用ActionScript。

技术要点
★ 动作面板
★ ActionScript语法基础

12.1 ActionScript 3.0 概述

ActionScript是用来向Flash动画添加交互性的脚本语言。应用ActionScript脚本语言，可以通过对键盘、鼠标的操作，来触发特定的事件，还可以根据选择来控制动画播放的顺序，从而加强动画的娱乐性和交互性。

12.1.1 ActionScript与JavaScript区别

Flash的脚本编程语言整合了很多新的语法，它看起来很像JavaScript。这是因为Flash的ActionScript采用了和JavaScript一样的语法标准，所以使编写的脚本以更接近和遵守被用于其他的面向对象语言的标准并支持所有的标准 ActionScript 语言的元件。但是这两者之间也存在着明显的区别。

★ ActionScript不支持浏览器相关的对象，如Document、Anchor、Window等。

★ ActionScript不支持全部JavaScript的预定义对象。

★ ActionScript不支持JavaScript的函数构造。

★ ActionScript只能用eval语句来处理变量，从而直接得到变量的值。

★ 在JavaScript中，如果把一个没有定义的变量转换成字符串类型，会得到一个未定义的变量，而在ActionScript中则会返回一个空字符串。

自从在几年前引入以来，ActionScript 语言已经得到了改进和发展。每一次发布Flash新版本时，都会在ActionScript语言中添加一些关键字、对象、方法和其他语言元素，还有一些针对Flash CC创作环境的ActionScript相关改进。

12.1.2 ActionScript 3.0 介绍

ActionScript 3.0 与ActionScript以前的版本有本质上的不同。它是一门功能强大、符合业界标准的一门面向对象的编程语言。它在Flash编程语言中有着里程碑的作用，是用来开发富应用程序（RIA）的重要语言。ActionScript 3.0 是一种功能强大的、面向对象的编程语言，它意味着Flash Player 运行时功能发展中的重要一步。

ActionScript 3.0 在用于脚本撰写的国际标准化编程语言ECMAScript的基础之上，对该语言做了进一步的改进，可为开发人员提供用于丰富Internet应用程序（RIA）的可靠的编程模型。开发人员可以获得卓越的性能并简化开发过程，便于利用非常复杂的应用程序、大的数据集和面向对象的、可重复使用的基本代码。ActionScript 3.0 在Flash Player 9中新的ActionScript虚拟机（AVM2）内执行，可为下一代RIA带来性能突破。

ActionScript 3.0 包括两部分：核心语言和Flash Player API。核心语言用于定义编程语言的基本结构，比如声明变量、创建表达式控制程序结构和数据类型等。

Flash Player API是由一系列用于实现特定功能的Flash player类组成。Flash Player API为增强Flash Player容纳ActionScript语言的能力而引入的一组类和功能。这种功能把ActionScript核心语言和Flash平台之间建立了一座桥梁，大大提高了Flash应用程序的能力，并对核心语言起到了重要的补充作用。

12.1.3 ActionScript 3.0 能做什么

最初在Flash中引入ActionScript，目的是为了实现对Flash影片的播放控制。而ActionScript发展到今天，ActionScript 3.0最基本的应用与创作工具Adobe Flash结合，创建各

175

种不同的应用特效，实现丰富多彩的动画效果。其已经广泛的应用到了多个领域，能够实现丰富的应用功能。

Flash利用ActionScript编程的目的就是更好地与用户进行交互，通常用Flash制作页面可以很轻易地制作出华丽的Flash特效，如遮罩、淡入淡出以及动态按钮等。如图12-1所示图像戒指在页面中淡入淡出的特效。

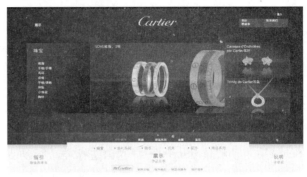

图12-1　淡入淡出的特效

使用简单的Flash编程可以实现场景的跳转、与网站首页、动态装载SWF文件等。如图12-2所示制作的网站首页。

图12-2　制作的网站首页

而高级的Flash编程可以实现复杂的交互游戏，根据用户的操作响应不同的电影，与后台数据库及各种程序进行交流，如ASP、PHP、SQL Server等。庞大的数据库系统及各种程序与Flash内置的编程语句的结合，可以制作出很多人机交互的网页、游戏以及在线商务系统。如图12-3高级的Flash编程制作的交互游戏。

图12-3　高级的Flash编程制作的交互游戏

12.2　ActionScript 3.0 编程语言基础

任何一门编程语言在编写代码时都必须遵循一定的规则，这个规则就是语法。本节将着重介绍ActionScript 3.0 的语法。

12.2.1　点语法

Flash中通过点运算符"."来访问对象的属性和方法。点运算符主要用于下面的几个方面。

（1）可以采用对象后面跟点运算符的属性名称（方法）名称来引用对象的属性（方法）。

（2）可以采用点运算符表示包路径。

（3）可以使用点运算符描述显示对象的路径。

例如：

```
class DotExample{
public var property1:String;
public function method1():void {}
}
var myDotEx:DotExample = new DotExample(); // 创建实例
myDotEx.property1 = "hello"; // 用点语法访问property1属性
myDotEx.method1(); // 用点语法访问method1()方法
```

12.2.2 标点符号使用

在Flash中有多种标点符号都很常用，分别为分号、逗号、冒号、小括号、中括号、大括号。这些标点符号在Flash中都有各自不同的作用，可以帮助定义数据类型、终止语句或者构建ActionScript代码块。

1. 分号。ActionScript语句用分号字符表示语句结束。

2. 逗号。逗号的作用主要用于分割参数，比如函数的参数、方法的参数等。

3. 冒号。每个属性都用冒号字符":"进行声明，冒号用于分隔属性名和属性值。要为一个变量指明数据类型，需要使用var关键字和后冒号法为其指定。

4. 小括号。在 ActionScript 3.0 中，可以通过3种方式来使用小括号"( )"。

（1）使用小括号来更改表达式中的运算顺序，小括号中的运算优先级高。

例如：

```
trace(5 + 2 * 5); // 15
trace((5 + 2) * 5); // 35
```

（2）使用小括号和逗号运算符","来计算一系列表达式并返回最后一个表达式的结果。

例如：

```
var a:int = 6;
var b:int = 8;
trace((a--, b++, a*b)); // 45
```

（3）使用小括号向函数或方法传递一个或多个参数。

例如：

```
trace("Action"); // Action
```

5. 中括号。中括号主要用于数组的定义和访问。

```
myArray = [a0, a1,···aN];
```

数组是一个对象，其属性称为元素，这些元素由名为索引的数字逐一标识。创建数组时，需用数组访问"[ ]"运算符(即方括号)括住元素。一个数组可以包含各种类型的元素。

例如：

```
// 名为employee的数组包含4个元素：第2个元素是数值，另外3个元素是字符串(英文引号内)
var employee:Array = ["JONE", 25, "BEIJING", "MASTER"];
```

6. 大括号。建议始终用大括号"{ }"来括起代码块。代码块是指左大括号"{"与右大括号"}"

之间的任意一组语句。

（1）控制程序流的结构中，用大括号{}括起需要执行的语句。

例如：

```
if (age > 17)
{ trace("The film is available."); }
else{ trace("The film is not for children.");
}
```

（2）定义函数时，在左大括号与右大括号之间{…}编写调用函数时要执行的ActionScript代码，即{函数体}。

例如：

```
function myfun(mypar:String){ trace(mypar);}
myfun("hello world"); // hello world
```

（3）定义类时，类体要放在大括号{}内，且放在类名的后面。

例如：

```
public class Shape{ var visible:Boolean = true;}
```

（4）初始化通用对象时，对象字面值放在大括号{}中，各对象属性之间用逗号","隔开。

例如：

```
var myObject:Object={propA:1, propB:2, propC:3};
```

12.2.3　区分大小写

ActionScript 3.0 是一种区分大小写的语言。大小写不同的标识符是不同的。

例如：下面的代码创建abc和ABC两个不同的变量。

```
var abc:int = 10;
var ABC:int = 20;
trace(abc); //10
trace(ABC); //20
```

12.2.4　注释

注释是使用一些简单易懂的语言对代码进行简单的解释的方法。注释语句在编译过程中并不会进行求值运算。可以用注释来描述代码的作用，或者返回到文档中的数据。注释也可以帮助记忆编程的原理，并有助于其他人的阅读。若代码中有些内容阅读起来含义不明显，应该对其添加注释。

ActionScript 3.0 中的注释语句有两种：单行注释和多行注释。

单行注释以两个单斜杠（//）开始，之后的该行内容均为注释。比如下面的代码：

```
trace("1234") //输出:1234
```

多行注释包括一个开始注释标记（/*）、注释内容和一个结束注释标记（*/）。无论注释跨多少行，计算机都将忽略开始标记和结束标记之间的所有内容。

下面的例子使用多行注释来解释代码：

```
/*
下面的这些代码会输出一个标题和一个段落并将代表主页的开始
*/
```

```
document.getElement Byld("myH1").innerHTML="Welcome to my Homepage";
document.getElement Byld("myP").innerHTML="This is my first paragraph.";
```

12.2.5 关键字和保留字

"保留字"是一些保留给ActionScript使用的单词，不能在代码中用作标识符。ActionScript 3.0 中的保留字分为3类：词汇关键字、句法关键字和供将来使用的保留字。

1. 词汇关键字

不能使用这些单词作为变量、实例、类名称等。如果在代码中使用了这些单词，编译器会报错。表12-1列出了ActionScript 3.0 的词汇关键字。

表12-1　词汇关键字

as	break	case	catch	class
const	continue	default	delete	do
else	extends	false	finally	for
function	if	implements	import	in
instance of	interface	internal	is	native
new	null	package	private	protected
public	return	super	switch	this
throw	to	true	try	typeof
use	var	void	while	with

2. 句法关键字

而"句法关键字"的关键字可用作标识符，但它们在某些上下文中具有特殊的含义，为了避免不必要的语义混淆，一般也不将其作为标识符。表12-2列出了ActionScript 3.0 的句法关键字。

表12-2　句法关键字

each	get	set	namespace	include
dynamic	final	native	override	static

3. 供将来使用的保留字

还有一些被称为"供将来使用的保留字"的标识符，可能会在以后的ActionScript版本中作为关键字出现。这些标识符目前不是为ActionScript 3.0 保留的，但是其中的一些可能会被采用ActionScript 3.0 的软件视为关键字，所以也不建议使用。表12-3列出了ActionScript 3.0 供将来使用的保留字。

表12-3　供将来使用的保留字

abstract	boolean	byte	cast	char
debugger	double	enum	export	float
goto	intrinsic	long	prototype	short
synchronized	throws	to	transient	type
type	virtual	volatile	virtual	volatile

12.2.6 对象和类

数据类型描述了一个变量或者元素能够存放何种类型的数据信息。ActionScript的数据类型分为基本数据类型和引用数据类型。

1. 对象

对象是属性的集合。每个属性都有名称和值。属性的值可以是任何的 Flash 数据类型，甚至可以是对象数据类型。这使动画工作人员可以将对象进行"嵌套"。要指定对象及其属性，可以使用点（.）运算符。例如：

```
jodan.finalExam.artScore;
```

在上述代码中，artScore是finalExam的属性，而finalExam则是jodan的属性。

另外可以使用内置动作脚本对象访问和处理特定种类的信息。例如，"Math"对象具有一些方法，这些方法可以对传递给它们的数字执行数学运算。例如：

```
squareRoot = Math.sqrt (100);
```

例如使用ActionScript中"MovieClip"对象具有的一些方法控制舞台上的电影剪辑元件实例：

```
mc1InstanceName.stop ();
mc2InstanceName.prevFrame ();
```

除此之外，还可以创建自己的对象来组织影片中的信息。但如果要使用动作脚本向影片添加交互操作，需要大量不同的信息。创建对象时可以将信息分组，简化脚本撰写过程。

2. 电影剪辑

电影剪辑其实是对象类型中的一种，但在整个Flash动画中，只有"MC"是真正指向了场景中的一个电影剪辑。通过该对象和它的方法以及对其属性的操作，就可以控制动画的播放和"MC"状态。例如：

```
onClipEvent (mouseDown){
myMC.nextFrame ();
}
```

该语句的作用就是当鼠标按下这一事件发生时，电影剪辑元件的一个名为"myMC"实例，将会跳到后一帧。

3. 字符串

字符串是由字母、数字、标点等组成的字符序列，在ActionScript中应用字符串时要将其放在单引号或双引号中。例如，下面语句中的"jodan"就是一个字符串：

```
myname="jodan";
```

可以使用加法（+）运算符连接或合并两个字符串。ActionScript会精确地保留在字符串的两端出现的空格作为该字符串的文本部分。例如：

```
myAge="18";
mySelfShow="I'm"+ myAge;
```

该程序被执行后得到的"mySelfShow"的值就是"I'm 18"，但要注意的是文本字符串是区分大小写的。例如：

```
invoice.display = "welcome";
invoice.display = "WELCOME";
```

这两个语句就会在指定的文本字段变量中放置不同的文本。

由于字符串以引号作为开始和结束的标记，所以要想在一个字符串中包括一个单引号或双引号，需要在其前面加上一个反斜杠字符"\"，这称为"转义"。在动作脚本中，还有一些必须用特殊的转义序列才能表示的字符，如表12-4所示。

表12-4　必须用特殊的转义序列才能表示的字符

转义序列	字　符
\b	退格符（ASCII 8）
\f	换页符（ASCII 12）
\n	换行符（ASCII 10）
\r	回车符（ASCII 13）
\t	制表符（ASCII 9）
\"	双引号
\'	单引号
\\	反斜杠
\000 - \377	以八进制指定的字节
\x00 - \xFF	以十六进制指定的字节
\u0000 - \uFFFF	以十六进制指定的 16 位 Unicode 字符

4. 数字

数据类型中的数字是一个双精度的浮点型数字。可以使用算术运算符，比如+、-、*、/、%等，来对数字进行运算；也可以使用预定义的数学对象来操作字符。在Flash中，数字类型是很常见的类型。

5. 布尔值

布尔值是true或false中的一个。在需要时，ActionScript也可以将true和false转化成1和0。布尔值最经常的用法是和逻辑操作符一起，用于进行比较和控制一个程序脚本的流向。例如：

```
onClipEvent (enterFrame){
if (userName == true && password == true){
    gotoAndPlay(2);
    }
}
```

在上述语句中如果客户名和密码都正确的话，那么将跳转到影片的第2帧并开始播放。

12.2.7　ActionScript中的数据类型

1. 原始数据类型

原始数据类型包括布尔（Boolean）、数字（Number）和字符串（String）等。

★ 布尔（Boolean）：布尔值常用于逻辑运算。布尔数据类型只包括两个值true和false，在ActionScript中可以将true转化为1，将false转化为0。

★ 数字（Number）：数字数据类型可以表示整数、无符号整数和浮点数。可以使用算术运算符对其进行数学运算。

★ 字符串（String）：String数据类型表示16位字符的序列，可能包括字母、数字和标点符号。可以将一系列字符串放置在单引号或是双引号之间，赋值给某个变量，例如：

```
Year=2005
```

也可以使用加号运算符将两个字符串连接起来，如：

```
NowDate=2005+年+12+月+28+日
```

2. 复杂数据类型

复杂数据类型并不是原始数据类型，但它引用原始数据类型。通常，复杂数据类型也称之为引起数据类型，其中包括影片剪辑（MovieClip）和对象（Object）。还有两类特殊的数据类型：空值（Null）和未定义（Undefined）。

★　影片剪辑（MovieClip）：数据类型允许使用MovieClip类的方法控制影片剪辑元件。

★　对象（Object）：对象是属性的集合，属于用于描述对象的特性。每个属性都有名称和值。属性的值可以是任何Flash数据类型，甚至可以是Object数据类型，Object类可用作所有类定义的基类，它可以使对象包含对象。若要指定对象及其属性，可以使用点运算符。

12.2.8　变量

在脚本程序中，变量是一个重要的概念，变量看成是一个容器，可以在里面装各种各样的数据。在电影播放的时候，通过这些数据就可以进行判断、记录和储存信息等。变量的初始化经常是在动画的第1帧中进行。脚本程序中的变量可以保存所有类型的数据，包括String、Number、Boolean、Object以及MovieClip，当某个变量在一个脚本中被赋值时，变量包含的数据类型将影响变量值的改变。

1. 变量的命名

变量的命名既是任意的，又是有规则，有目的的。随手牵来、杂乱无章的命名在Flash里面容易引起代码的混乱，也不容易进行维护操作。

变量的命名主要遵循以下3条规则。

★　变量必须是以字母或者下划线开头，其中可以包括$、数字、字母或者下划线，如_myAge、_x2。

★　变量不能和关键字同名，并且不能是true或者false。

★　变量在自己的有效区域里必须唯一。

2. 变量的作用域

变量的作用域指可以使用或者引用该变量的范围，通常变量按照其作用域的不同可以分为全局变量和局部变量。全局变量指在函数或者类之外定义的变量，而在类或者函数之内定义的变量为局部变量。一个全局变量可以在所有的时间轴中共享，而一个局部变量仅在它所属的代码块（即大括号）内可用。

3. 变量声明

声明全局变量，可以使用"set variables"动作或赋值操作符；声明局部变量，可以在函数体内部使用"var"语句来实现，局部变量的作用域被限定在所处的代码块中，并在块结束处终结。如果没有在块的内部被声明的局部量将在其脚本结束处终结。

4. 变量的赋值

在Flash中，当把一个数据赋给一个变量的时候，这个变量的数据类型就已经确定下来了。如：

```
myAge=18
myName="jodan"
```

变量myAge的赋值为18，所以变量myAge是Number类型的变量。而变量myName的类型则是String。但如果声明一个变量，该变量又没有被赋值的话，那么这个变量不属于任何类型，在Flash中它被称为"Undefined"未定义类型。

12.3 运算符和表达式

前面各小节的内容中涉及到了很多简单的ActionScript编程语句，很多语句中都是使用运算符连接变量和数值从而形成的语句。运算符是可以通过给出的一个或者多个值来产生另一个值的东西。可以说它是一种特殊的函数。其中的值称为"操作数"，具体包括数值、变量和表达式。

12.3.1 算术运算符

算术运算符可以执行加法、减法、乘法、除法运算，也可以执行其他算术运算。增量运算符最常见的用法是 i++，可以在操作数前后使用增量运算符。在下面的实例中，"score"首先递增，然后再与数字60进行比较。

```
if (++ score >= 60)
```

若score在执行比较之后递增，则

```
if (score ++ >= 30)
```

表12-5为动作脚本的常用算术运算符。

表12-5　算术运算符

运算符	执行的运算
+	加法
*	乘法
/	除法
%	求模（除后的余数）
-	减法
++	递增
--	递减

12.3.2 比较运算符

比较运算符用于比较两个操作数的值的大小关系，然后返回一个布尔值（true 或 false）。常见的关系运算符一般分为两类：一类用于判断大小关系，一类用于判断相等关系。这些操作符最常用于判断循环是否结束或用于条件语句中。在下面的示例中，如果变量"password"为"831210"，则载入影片"mov1"；否则，载入影片"mov2"。

```
if (password == 831210) {
loadMovieNum (" mov1.swf", 3);
} else {
loadMovieNum (" mov2.swf", 3);
}
```

比较运算符左右两侧可以是数值、变量或者表达式。表12-6为动作脚本常用比较运算符。

表12-6　比较运算符

运算符	执行的运算
<	小于
>	大于
<=	小于或等于
>=	大于或等于

12.3.3　逻辑运算符

逻辑运算符会比较布尔值（true 和 false），然后返回第3个布尔值。例如，如果两个操作数都为true，则逻辑"与"运算符（&&）将返回true。如果其中一个或两个操作数为 true，则逻辑"或"运算符（||）将返回true。逻辑运算符通常与比较运算符配合使用，以确定if动作的条件。如前面讲过的例子：

```
if (userName == jodan && password == 831210) {
    gotoAndPlay (2);
}
```

如果两个表达式的返回布尔值都为true，则会执行跳转动作。表12-7列出了常用动作脚本逻辑运算符。

表12-7　逻辑运算符

运算符	执行的运算
&&	逻辑"与"
||	逻辑"或"
!	逻辑"非"

12.3.4　位运算符

使用位运算符会在内部将浮点型数字转换成32位的整型，所有的位运算符都会对一个浮点数的每一位进行计算并产生一个新值。表12-8为常用位运算符。

表12-8　位运算符

运算符	执行的运算
&	按位"与"
|	按位"或"
^	按位"异或"
~	按位"非"
<<	左移位
>>	右移位
>>>	右移位填零

12.3.5　赋值运算符

赋值运算符有两个操作数，它根据一个操作数的值对另一个操作数进行赋值操作。可以使用赋值"="运算符给变量指定值，如：

```
myName="Jodan";
```

也可以使用赋值运算符在一个表达式中为多个变量赋值，例如：

```
x=y=z=3
```

"3"被同时赋值给x、y、z。另外也可以使用复合赋值运算符联合多个运算。复合运算符可以对两个操作数都进行运算，然后将新值赋予第1个操作数。例如：

```
z += 12;
z = z + 12;
```

这两个语句是等价的，都是将变量z的值加上"12"。又如：

```
y*=2;
y=y*2;
```

都是将变量y加倍。

ActionScript中的赋值运算有12个。表12-9为常用动作脚本赋值运算符。

表12-9　赋值运算符

运算符	执行的运算
=	赋值
+=	相加并赋值
-=	相减并赋值
*=	相乘并赋值
%=	求模并赋值
/=	相除并赋值
<<=	按位左移位并赋值
>>=	按位右移位并赋值
>>>=	右移位填零并赋值
^=	按位"异或"并赋值
|=	按位"或"并赋值
&=	按位"与"并赋值

12.3.6　相等运算符

使用相等操作符"=="可以确定两个操作数的值或身份是否相等,这种比较的结果是返回一个布尔值(true或false)。如果操作数是字符串、数字或布尔值,它们将通过值来比较;如果操作数是对象或数组,它们将通过引用来比较。全等"=="运算符与等于运算符相似,但是有一个很重要的差异,即全等运算符不执行类型转换。如果两个操作数属于不同的类型,全等运算符会返回false,不全等"!=="运算符会返回全等运算符的相反值。用赋值运算符检查等式是常见的错误。例如:

```
if (myPassword == 831210)
```

如果将表达式写为"myPassword = 831210"则是错误的,因为它只是将值"831210"赋予变量"myPassword"而不会比较操作数。表12-10列出了动作脚本中常用的相等运算符。

表12-10　等于运算符

运算符	执行的运算
==	等于
===	全等
!=	不等于
!==	不全等

12.4　ActionScript 3.0 程序设计

任何一门编程语言都要设计程序问题,ActionScript 3.0 也不例外。下面将介绍ActionScript 3.0 的基本语句。

12.4.1 if…else条件语句

if…else条件语句判断一个控制条件，如果该条件能够成立，则执行一个代码块，否则执行另一个代码块。

if…else条件语句基本格式如下：

```
if(表达式){
语句1
}
else
 {
语句2;
}
```

例如下列语句：

```
input="mymovie"
if (input==Flash&&passward==841113){
 gotoAndPlay (play);
}
 gotoAndPlay (wrong);
```

当程序执行至此处时，将会先判断给定的条件是否为真，若条件式（input）和（passward）的值为真，则执行if语句的内容（gotoAndPlay），然后再继续后面的流程。若条件（input）和（passward）为假，则跳过if语句，直接执行后面的流程语句。

另外，if经常与else结合使用，用于多重条件的判断和跳转执行。例如下列语句：

```
input="mymovie"
if (input==Flash&&passward==841113){
 gotoAndPlay (play);
}
else{
gotoAndPlay("moviedescription");
}
```

当if语句的条件式（condition）的值为真时，执行if语句的内容，跳过else语句。反之，将跳过if语句，直接执行else语句的内容。再例如下边语句：

```
input="mymovie"
if (input==Flash&&passward==841113){
 gotoAndPlay (play);
}
 else if (input==Flash&&passward==831210){
```

```
gotoAndPlay (play);
}
else{
gotoAndPlay("moviedescription");
}
```

12.4.2 if…else if条件语句

前面已经学会了if…else的用法了，满足条件执行if后面的程序块，不满足条件则执行else后面的代码块，这是简单的条件判断。如果要使用if来判断更多的条件呢？此时可以使用if语句的另一种用法：if…else if…else if.

```
var d:int = int(txtNumber.text);
  if(d == 0) {
   Alert.show("你输入的数" + d + "等于0");
  } else if(d > 0) {
   Alert.show("你输入的数" + d + "大于0");
  } else if(d < 0) {
   Alert.show("你输入的数" + d + "小于0");
  }
```

12.4.3 switch语句

switch语句相等于一系列的if…else if…语句，但是要比if语句要清晰的多。不同的是switch可以一次将测试值与多个值进行比较判断，而不是只测试一个判断条件，如同if…else if…else if语句一样。

switch语句格式如下：

```
switch (表达式) {
   case:
      程序语句1;
      break;
   case:
      程序语句2;
      break;
   case:
      程序语句3;
      break;
   default:
      默认执行程序语句;
   }
```

如下switch语句实例：

```
var number:int = int(txtE.text);
```

```
var result:String;
switch(number) {
    case 1:result="星期一";break;
    case 2:result="星期二";break;
    case 3:result="星期三";break;
    case 4:result="星期四";break;
    case 5:result="星期五";break;
    case 6:result="星期六";break;
    case 7:result="星期日";break;
}
Alert.show(result);
```

12.4.4 for循环语句

在现实生活中有很多规律性的操作，作为程序来说就是要重复执行某些代码。其中重复执行的代码称为循环体，能否重复操作，取决于循环的控制条件。循环语句可以认为是由循环体和控制条件两部分组成。

循环程序结构的结构一般认为有两种：

一种先进行条件判断。若条件成立，执行循环体代码，执行完之后再进行条件判断，条件成立继续，否则退出循环。若第一次条件就不满足，则一次也不执行，直接退出。

另一种是先执行依次操作，不管条件，执行完成之后进行条件判断。若条件成立，循环继续；否则，退出循环。

for循环语句是ActionScript编程语言中最灵活、应用最为广泛的语句。

for循环的语法格式如下：

```
For(初始化 条件 改变变量){
语句
}
```

在"初始化"中定义循环变量的"初始值"，"条件"是确定什么时候退出循环，"改变变量"是指循环变量每次改变的值。例如：

```
trace=0
for(var i=1 i<=30 i++ {
trace = trace +i
}
```

以上实例中，初始化循环变量i为1，每循环一次，i就加1，并且执行一次"trace = trace +i"，直到i等于30，停止增加trace。

12.4.5 while循环语句

while循环语句是典型的"当型循环"语句，意思是当满足条件时，执行循环体的内容。while循环语句语法格式如下：

```
while(循环条件) {
    循环执行的语句
}
```

在脚本程序中，"while"引导的循环语句用于对一个表达式求值，如果表达式的值是"true"，那么循环体中的代码将被执行。当循环体中的所有语句都被执行之后，表达式按照程序要求再次进行求值，就这样进行反复，直到表达式的值变成"false"，就跳出本次循环，执行循环后的语句。

例如：

```
i=10;
while (i>=0){
duplicateMovieClip ("newMovieClip"+i,
i);
//复制对象newMovieClip
setProperty (newMovieClip", _alpha, i*10);
//动态改变newMovieClip的透明度值
i=i-2;}
//循环变量减2
}
```

在上边程序中变量i相当于一个计数器。"while"引导的循环语句先判断开始循环的条件i>=0，如果为"true"，则执行其中的语句块。循环体中的"i=i-2"，这是用来动态地为i赋新值，直到i<0为止。

12.4.6 do…while循环语句

do…while循环是另一种while循环，它保证至少执行一次循环代码，这是因为其是在执行代码块后才会检查循环条件。do…while循环语句语法格式如下：

```
do {
  循环执行的语句
} while (循环条件)
```

循环执行的语句：循环体，其中包括

变量改变赋值表达式，执行语句并实现变量赋值。

循环条件：逻辑运算表达式，运算的结果决定循环的进程。若为true，继续执行循环代码，否则退出循环。

例如，将上面的那段语句用do…while编写如下：

```
i=10;
  do{
  duplicateMovieClip("newMovieClip"+i,
  i);
  //复制对象newMovieClip
  setProperty (newMovieClip", _alpha, i*10);
   //动态改变newMovieClip的透明度值
  i=i-2;}
//循环变量减2
  }
while (i>=0);
```

12.4.7 for…in和for each语句

除了上面这几种循环语句的使用方式外，在ActionScript 3.0中对于for循环来说还有另外两种使用方式，它们分别是for…in和for each语句。使用都很简单，如下代码示例：

```
var employee:Object = new Object();
employee.Name="Beniao";
employee.Sex="男";
employee.Email="beao123@163.com";
employee.Address="中国·重庆";
    var temp:String = "";
for(var emp:String in employee) {
    temp += employee[emp] + "\n";
}
Alert.show(temp);
```

下面是for each()循环语句的使用方式：

```
var books:Array = new Array("IBM",
"APPLE", "SUN","ADOBE");
for each(var s:String in books) {
    Alert.show(s);
}
```

12.5 动作面板

通过使用ActionScript脚本编程，可以实现根据运行时间和加载数据等事件来控制Flash文档播放的效果，可以为Flash文档添加交互性，还可以将内置对象与内置的相关方法、属性和事件结合使用，创建更加短小精悍的应用程序，所有这些都可以通过可重复利用的脚本代码来完成。

12.5.1 动作面板的组成

"动作"面板是专门用来编写ActionScript语言的，如果在工作界面上看不到"动作"面板，可以执行"窗口"|"动作"命令，或使用快捷键F9快速打开"动作"面板，如图12-4所示。主要由"动作工具栏"、"程序添加对象"和"动作编辑区"组成。

1. 程序添加对象

左边显示当前ActionScript程序添加的对象。

2. 动作编辑区

"动作编辑区"是ActionScript编程的主区域，针对当前对象的所有脚本程序都在该区显示，程序内容也要在这里编辑。

3. 动作工具栏

"动作工具栏"在窗口右上侧是在ActionScript命令编辑时经常用到的。

程序添加对象面板

动作工具栏

动作编辑区

图12-4 "动作"面板

12.5.2 动作工具栏

"动作工具栏"中的工具是在ActionScript命令编辑时经常用到的，下面介绍这些常用工具。

★ 查找：单击"查找"按钮将弹出"查找和替换"对话框，使用该对话框可以查找和替换代码，如图12-5所示。

★ 插入实例路径和名称：使用"插入实例路径和名称"按钮，将弹出"插入目标路径"对话框，可以指定动作的名称和地址，用来控制影片或者下载地址，如图12-6所示。

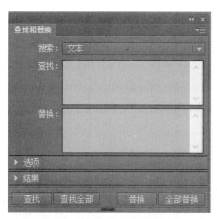

图12-5 "查找和替换"对话框

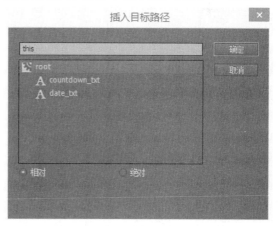

图12-6 "插入目标路径"对话框

★ 代码片段："代码片段"面板旨在使非编程人员能快速地轻松开始使用简单的 ActionScript 3.0。借助该面板，可以将 ActionScript 3.0代码添加到FLA文件以启用常用功能。此窗格包含项目中常用的 ActionScript片段，例如横幅广告和游戏。如图12-7所示"代码片段"面板。每个代码片段都附带说明，说明如何使用这个代码片段以及其中的哪些代码需要修改。使用代码片段迅速为用户的项目添加简单的交互功能，而无需深入了解ActionScript，如图12-8所示插入的代码片段有说明。

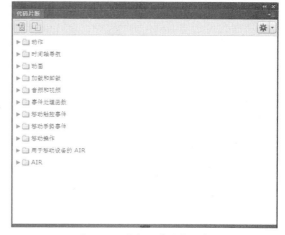

图12-7 "代码片段"面板

图12-8　插入的代码片段有说明

12.6 实战应用

动画是Flash创作的基础，从最初的帧补间动画到现在的ActionScript动画，Flash动画制作走出了一条非常圆满的道路。ActionScript语言是Flash的动作脚本语言,也是Flash中的高级技巧，使用它可以制作各种交互式动画。

12.6.1　实例1——遮罩动画效果

本实例是一个创建遮罩效果的教程，将学习如何在一个图像上创建多个大小不同的运动遮罩。利用Flash ActionScript创建好看的遮罩动画效果，如图12-9所示。具体操作步骤如下。

最终文件：最终文件/CH12/遮罩.jpg

最终文件：最终文件/CH12/遮罩效果.fla

01 启动Flash CC新建文档，输入文档的"宽"和"高"，如图12-10所示。

图12-9　利用元件创建按钮

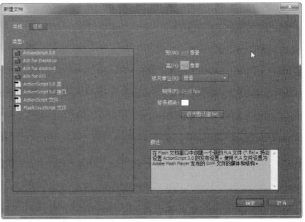

图12-10　"新建文档"对话框

02 单击"确定"按钮，新建空白文档，如图12-11所示。

03 执行"文件"|"导入"|"导入到舞台"命令，弹出"导入"对话框，选择要导入的图像，如图12-12所示。

图12-11　新建文档　　　　　　　　　　　　　图12-12　"导入"对话框

04 单击"打开"按钮,导入图像文件,如图12-13所示。

05 选中图像文件按F8键,弹出"转换为元件"对话框,"类型"选择"影片剪辑"选项,如图12-14所示。

图12-13　导入图像文件　　　　　　　　　　　图12-14　"转换为元件"对话框

06 单击"确定"按钮,将其转化为影片剪辑元件,如图12-15所示。

07 在"属性"面板中将实例名称设置为imageMC,如图12-16所示。

图12-15　转换为元件　　　　　　　　　　　图12-16　实例名称

08 单击时间轴面板中的"新建图层"按钮,新建图层2,如图12-17所示。

图12-17　新建图层

09 打开"动作"面板，输入代码用于在舞台中按住鼠标左键时图像以方块出现，然后拼成整幅图像，如图12-18所示。

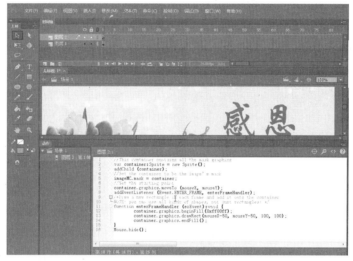

图12-18　输入代码

10 按Ctrl+Ente快捷键测试预览动画效果，如图12-19所示。

图12-19　测试动画效果

12.6.2　实例2——雪花下落的效果

本实例讲述如何创建满天降落雪花的效果，如图12-20所示。具体操作步骤如下。

最终文件：最终文件/CH12/xuehua.jpg、xx.png

最终文件：最终文件/CH12/下雪效果.fla

01 启动Flash CC，新建文档，输入文档的"宽"和"高"，如图12-21所示。

图12-20 下雪效果

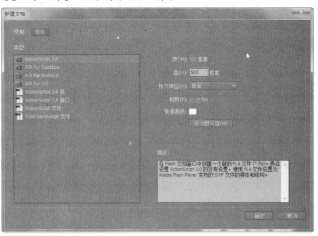

图12-21 "新建文档"对话框

02 单击"确定"按钮，新建空白文档，如图12-22所示。

03 执行"文件"|"导入"|"导入到库"命令，选择要导入的图像，如图12-23所示。

图12-22 新建文档

图12-23 "导入到库"对话框

04 单击"打开"按钮，将图像导入到库中，如图12-24所示。

05 将导入的图像文件xuehua.jpg拖入到舞台中，如图12-25所示。

图12-24 导入图像文件

图12-25 拖入图像

06 单击"新建图层"按钮，新建图层2，如图12-26所示。

07 选择工具箱中的"文本"工具，在"属性"面板中将文本设置为"动态文本"，实例名称设置为myTex，如图12-27所示。

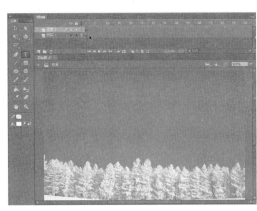

图12-26　新建图层　　　　　　　　　　图12-27　绘制矩形

08 选择输入的文本，按F8键弹出"转换为元件"对话框，将"名称"设置为numberInsideMC，"类型"设置为"影片剪辑"，如图12-28所示。

09 单击"确定"按钮，将其转化为影片剪辑元件，在"属性"中将实例名称设置为numberInside，如图12-29所示。

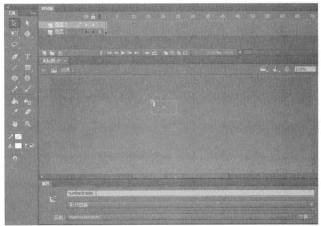

图12-28　"转换为元件"对话框　　　　　　图12-29　设置实例名称

10 按F8键，弹出"转换为元件"对话框，将"名称"设置为myNumberMC，"类型"设置为"影片剪辑"，如图12-30所示。

11 打开"库"面板，选中实例元件myNumberMC，右击鼠标在弹出的列表选择"属性"选项，如图12-31所示。

图12-30　"转换为元件"对话框　　　　图12-31　选择"属性"选项

12 弹出"元件属性"对话框，将"类"名称设置为BitNumber，如图12-32所示。

13 单击"新建图层"按钮，新建图层3，如图12-33所示。

图12-32 "元件属性"对话框

图12-33 新建图层3

14 打开"动作"面板，输入相应的代码，如图12-34所示。

```
//This array will contain all the numbers seen on stage
var numbers:Array = new Array();
//We want 8 rows
for (var i=0; i < 8; i++) {
//We want 21 columns
for (var j=0; j < 21; j++) {
//Create a new BitNumber
var myNumber:BitNumber = new BitNumber();
//Assign a starting position
myNumber.x = myNumber.width * j;
myNumber.y = myNumber.height * i;
//Give it a random speed (2-7 pixels per frame)
myNumber.speedY = Math.random() * 5 + 2;
//Add the number to the stage
addChild (myNumber);
//Add the number to the array
numbers.push (myNumber);
}
}
//Add ENTER_FRAME so we can animate the numbers (move them down)
addEventListener (Event.ENTER_FRAME, enterFrameHandler);
/*
This function is reponsible for moving the numbers down the stage.
The alpha animation is done inside of the myNumberMC movieclip.
*/
function enterFrameHandler (e:Event):void {
//Loop through the numbers
for (var i = 0; i < numbers.length; i++) {
//Update the y position
numbers[i].y += numbers[i].speedY;
```

图12-34 输入代码

15 双击舞台上的 myNumberMC 影片剪辑，进入myNumberMC编辑状态，单击"新建图层"按钮，新建图层2，如图12-35所示。

图12-35 新建图层2

16 打开"动作"面板，输入相应的代码，如图12-36所示。

图12-36　输入代码

17 单击"场景1"按钮，切换回场景1，单击选中图层2中的元件，如图12-37所示。

18 把myNumberMC影片剪辑从舞台上删除，如图12-38所示。

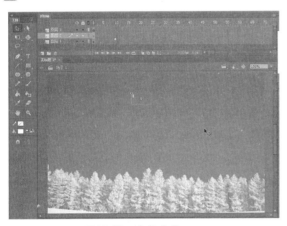

图12-37　选择元件

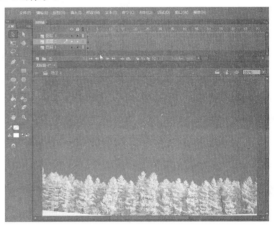

图12-38　删除元件

12.6.3　实例3——翻转文字效果

本实例用ActionScript语句打造翻转文字效果，如图12-39所示。这个实例需要使用TweenMax类，本实例最终效果中有gs类库保存在fla同一目录下。

最终文件：最终文件/CH12/翻转效果.fla

01 启动Flash CC，新建文档，输入文档的"宽"和"高"，如图12-40所示。

图12-39　利用元件创建按钮

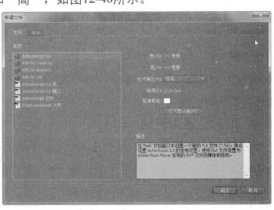

图12-40　"新建文档"对话框

02 单击"确定"按钮，新建空白文档，如图12-41所示。

图12-41 新建文档

03 选择工具箱中的"文本"工具，在舞台上输入一些静态本文，设置文本大小和颜色，如图12-42所示。

图12-42 输入文本

04 选择输入的文本，执行"修改"|"分离"命令，分离文本，如图12-43所示。

图12-43 分离文本

05 选中单个字母按F8键，弹出"转换为元件"对话框，将"名称"设置为01，"类型"设置为"影片剪辑"，如图12-44所示。

图12-44 "转换为元件"对话框

06 单击"确定"按钮，将其转化为影片剪辑元件。同样的方法将其余的字母转换为影片剪辑，如图12-45所示。

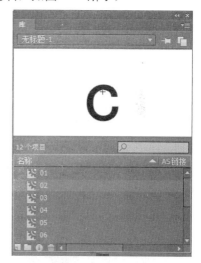

图12-45 转换为元件

07 单击"新建图层"按钮，新建图层2，如图12-46所示。

图12-46 新建图层2

08 打开"动作"面板，在该面板中输入相应的代码，如图12-47所示。

图12-47　输入代码

12.7 课后练习

一、填空题

1. "动作"面板是专门用来编写ActionScript语言的，如果在工作界面上看不到"动作"面板，可以执行"窗口"|"动作"命令，或使用快捷键_____快速打开"动作"面板。

2. 在Flash中有多种标点符号都很常用，分别为：_____、_____、_____、小括号、中括号、大括号。

二、操作题

利用本课介绍的ActionScript语句制作翻转闪光文字效果，如图12-48所示。

图12-48　闪光翻转文字效果

12.8 本课小结

由于脚本语言是一门系统的语言，在这么短的篇幅内不可能详细地为大家讲解每一条命令、每一个语法，本课只是介绍了一些脚本编程的基本术语和常用的语法知识及语句。像外语一样，要掌握一门计算机语言也是一个长期而辛苦的过程。但是要制作出高级的动画效果，脚本知识是一个动画制作者不可缺少的。

如果要更深入地学习这门语言，读者可以参阅一些专门介绍ActionScript语言的书籍，或从网上学习更丰富更新的脚本知识。使用系统的帮助功能一边编辑一边查看也是个很好的方法，帮助中有很详细的各种命令的描述、用法及实例。

第13课
资源的导入及使用

本课导读

　　制作一个复杂的动画仅使用Flash软件自带的绘图工具是远远不够的，这就需要从外部导入创作时所需要的素材。使用现有的外部资源也会极大地提高工作的效率，缩短工作流程。Flash提供了强大的导入功能，几乎胜任各种文件类型的导入，可以导入矢量图、位图、声音文件和视频文件。

技术要点

★ 图像的导入

★ 导入外部声音

★ 添加和编辑声音

★ 视频的导入

13.1 图像的导入

当导入图像时，可以应用压缩和消除锯齿功能、将位图直接放置于Flash文档中、在外部编辑器中编辑图像、将位图分离为像素并在Flash中编辑它，或将位图转换为矢量图。

13.1.1 有关图片的基础知识

简单说来，一个Flash影片就是由一个个画面构成，而每个画面又是由一张张图片构成的。所以图片可以说是构成动画的基础。相信大家对图片都有一定的认识。但是还是要再介绍一下图片的基础知识，因为不同类型图片的属性也大不相同，在动画中可选择的菜单命令也不同。

1. 位图和矢量图

这两个概念相信读者已经很熟悉了，在第1章中已经简单介绍过它们之间的区别。矢量图有着较高的灵活性。如果不同的图形对象使用的是不同的代码，矢量图就会变得更为有效。例如，用圆、半径和两个端点的代码就能描述一段圆弧。矢量图中的元素大部分都以集合的形式出现，要选择时只需选中该集合即可。

2. 分辨率

分辨率是指单位长度内点（即像素）的数量，它的主要作用是衡量图像的表现能力。分辨率的表示方法有很多，其含义也各不相同。对于扫描仪、打印机以及显示器等硬件设备来说，分辨率用每英寸可产生的点数，即dpi（Dots Per Inch）来衡量。

3. 颜色深度

颜色深度是指每个像素可以显示出的颜色数，在计算机中，通常采用颜色深度这一概念来说明其处理色彩的能力。它和数字化过程中的量化数有着密切的关系，因此颜色深度基本上用量化数bit表示。bit数越高，每个像素可显示出的颜色数目就越多。对应不同的量化数，bit有伪彩色、高彩色和真彩色几种模式。

颜色深度和文件的大小有着密切联系，量化数越高，色彩就越丰富，图像越真实，文件也越大。因此，网络上多使用256色。

4. Alpha通道

Alpha通道使用不同灰度值表示透明度的大小，一般情况下，纯白为不透明，纯黑为完全透明，介于白黑之间的灰色表示部分透明。例如在一个黑背景上使用50%透明度的白色笔触，生成图像后，白色显然是灰色，但其RGB通道的值并不是128，仍是256，而Alpha通道的值是128。Alpha通道的作用主要用于合成不同的图像，实现混合叠加。

另外Alpha通道可以与基色通道一起组成一个图像文件，在存储时一般可以进行选择。它的出现会增加图像文件的容量，因此，可以根据播放需要决定它的取舍。

5. 颜色模式

在图像进行颜色混合时要遵循一定的原则，这个原则就是颜色模式。常见的颜色模式有RGB模式、LAB模式、HSB模式、YUV模式和CMYK模式。由于Flash制作中主要涉及RGB模式和HSB模式，下面就重点介绍这两种模式。

RGB模式由红（Red）、绿（Green）和蓝（Blue）三原色组合而成，然后再由三原色混合产生不同的强度组合，这就是人们常说的三基色原理。这3种颜色叠加到一起，会得到256种不同浓度的色调，生成1667万种颜色，也就是人们常说的真彩色。三原色两两重叠，就产生了青、洋红和黄3种次混合色，也引出互补色的概念，基色和次混合色是互补色。将互补色放在一起，对比非常醒目，创作者通常利用这一点来突出主体。另外，RGB图像文件比CMYK图像文件要小得多，可以节省存储空间。

HSB颜色模式是一种基于人的直觉的色彩模式，它将颜色分为3个要素，色相（Hue）、饱和度（Saturation）和亮度（Brightness）。这种颜色模式比较符合人的主观感受，可以让使用者觉得更加直观。

13.1.2 可导入文件格式

Flash可以导入各种文件格式的矢量图形和位图。特别是对Photoshop图像格式的支持极大地拓宽了Flash素材的来源，人们不再会对那些精美的图片望洋兴叹了。如图13-1所示在Flash中可导入的文件格式。

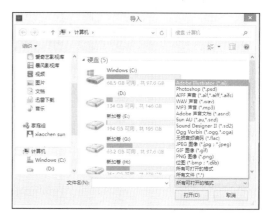

图13-1　在Flash中可导入的文件格式

13.1.3 课堂小实例——导入图像

可以将图像文件导入到当前Flash文档的舞台或库中。也可以通过将图像粘贴到当前文档的舞台中来导入它们。下面讲述导入图像的具体操作步骤。

01 执行"文件"|"导入"|"导入到舞台"命令，弹出"导入"对话框，如图13-2所示。

02 在对话框中选择要导入的图像，单击"打开"按钮，可以同时将图像导入到舞台和"库"面板中，如图13-3所示。

图13-2　"导入"对话框

图13-3　导入图像

13.1.4 课堂小实例——编辑位图

下面讲述编辑位图的具体操作步骤。

01 打开文档，选择图像文件，单击底部的"编辑"按钮，如图13-4所示。

02 单击底部的编辑按钮，打开Photoshop编辑软件，如图13-5所示。

图13-4　单击"编辑"按钮

图13-5　Photoshop编辑软件

03 执行"图像"|"调整"|"曲线"命令，弹出"曲线"对话框调整曲线如图13-6所示。

04 单击"确定"按钮，调整曲线效果，如图13-7所示。保存文档即可。

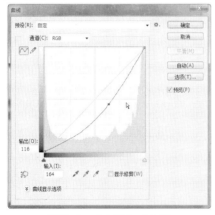

图13-6　"曲线"对话框

图13-7　调整曲线效果

13.1.5　课堂小实例——转为矢量图形

在Flash中，不能编辑输入的位图，如果将其转化为矢量图，就可以改变色彩及外形等，还可以减少图形的体积。将位图转换为矢量图形的具体操作步骤如下。

01 打开Flash软件，执行"文件"|"导入"|"导入到舞台"命令，在弹出的"导入"对话框中选择"导入位图.jpg"图像，如图13-8所示。

02 弹出"转换位图为矢量图"对话框，设置相应的参数，如图13-9所示。

图13-8　"导入"对话框

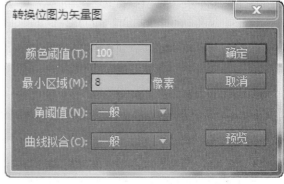

图13-9　"转换位图为矢量图"对话框

03 单击"确定"按钮，即可将其转化为矢量图，如图13-10所示。

在"转换位图为矢量图"对话框中可以设置以下参数。

★ 颜色阈值：色彩容差度。输入的数值越小，被转换的色彩越多，数值越高，所得到的颜色越小。

★ 最小区域：此选项用于设置位图转化为矢量图形的色块大小，取值越大，色块越大。

★ 曲线拟合：此选项是用于设置转换过程中对色块的敏感程度。

★ 角阈值：包括3个选项，其中"较多转角"为边缘细节较多，"较少转角"为缺少细节，"一般"为正常状态。

图13-10　转换矢量图

13.2　导入外部声音

　　Flash是多媒体动画制作软件，声音是多媒体中不可缺少的重要部分，因此要判断一款动画制作软件是否优秀，其对声音的支持程度是一项相当重要的指标。Flash对声音的支持非常出色，可以在Flash中导入各种声音文件。

13.2.1　Flash支持的声音文件

　　存储音频文件的格式是多种多样的，在Flash中可以直接引用的主要有WAV和MP3两种音频格式的文件，AIFF和AU格式的音频文件使用频率不是很高。

★ WAV：WAV格式的音频文件支持立体声和单道声，也可以是多种位分辨率和采样率。在Flash中可以导入各种音频软件创建的WAV格式的音频文件。

★ MP3：MP3是人们熟悉的一种数字音频格式。相同长度的音频文件用MP3格式存储，一般只有WAV格式的1/10。虽然MP3格式是一种破坏性的压缩格式，但是因为其取样与编码的技术优异，其音质接近CD，体积小，传输方便，拥有较好的声音质量，所以目前的电脑音乐大多是以MP3格式输出的。Flash中默认的音频输出格式就是MP3格式。

★ AIFF声音：AIFF是Apple公司开发的一种声音文件格式，被Macintosh平台及其应用程序所支持。AIFF支持ACE2、ACE8、MAC3和MAC6压缩，支持16位44.1kHz立体声。

★ AU：SUN的AU压缩声音文件格式，只支持8位的声音，是互联网上常用到的声音文件格式。

13.2.2　课堂小实例——导入音频文件

　　在Flash中可以导入WAV、MP3等多种格式的声音文件。当声音导入到文档后，将与位图、元件等一起保存在"库"面板中。导入音频文件的具体操作步骤如下。

01 执行"文件"|"导入"|"导入到库"命令，弹出"导入到库"对话框，如图13-11所示。

02 在对话框中选择导入的音频文件，单击"打开"按钮，即可将文件导入到"库"面板中，如图13-12所示。

图13-11　"导入到库"对话框

图13-12　导入音频

13.3 编辑声音

为动画或按钮添加声音，直接播放，经常出现一些问题。为了保证声音的准确播放，需对添加的声音进行编辑。

13.3.1　设置声音的重复播放

在"声音"属性中的"声音循环"下拉列表中可以控制声音的重复播放。在"声音循环"下拉列表中有两个选项，如图13-13所示。

★ 重复：在其文本框中输入播放的次数，默认的是播放1次。

★ 循环：声音可以一直不停地循环播放。

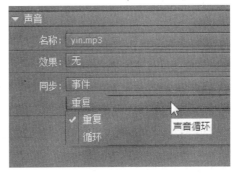

图13-13　设置属性

13.3.2　设置声音的同步方式

同步是指影片和声音文件的配合方式。可以决定声音与影片是同步还是自行播放。在"同步"下拉列表中提供了4种方式，如图13-14所示。

★ 事件：必须等声音全部下载完毕后才能播放动画。

★ 开始：如果选择的声音实例已在时间轴上的其他地方播放过了，Flash将不会再播放这个实例。

★ 停止：可以使正在播放的声音文件停止。

★ 数据流：将使动画与声音同步，以便在Web站点上播放。Flash强制动画和音频流同步，将声音完全附加到动画上。

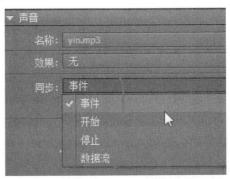

图13-14　同步方式

13.3.3 设置声音的效果

同一个声音可以做出多种效果，可以在"效果"下拉列表中进行选择以让声音发生变化，还可以让左右声道产生出各种不同的变化。在"属性"面板中的"效果"下拉列表中提供了多种播放声音的效果选项，如图13-15所示。

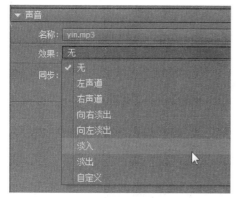

图13-15 声音效果选项

"效果"选项用来设置声音的音效，其下拉列表中有以下几个选项。

★ 无：不设置声道效果。

★ 左声道：控制声音在左声道播放。

★ 右声道：控制声音在右声道播放。

★ 向右淡出：降低左声道的声音，同时提高右声道的声音，控制声音从左声道过渡到右声道播放。

★ 向左淡出：控制声音从右声道过渡到左声道播放。

★ 淡入：在声音的持续时间内逐渐增强其幅度。

★ 淡出：在声音的持续时间内逐渐减小其幅度。

★ 自定义：允许创建自己的声音效果，可以从"编辑封套"对话框中进行编辑，如图13-16所示。

对话框中分为上下两个编辑区，上方代表左声道波形编辑区，下方代表右声道编辑区，在每一个编辑区的上方都有一条左侧带有小方块的控制线，可以通过控制线调整声音的大小、淡出和淡入等。

在"编辑封套"对话框中可以设置以下参数。

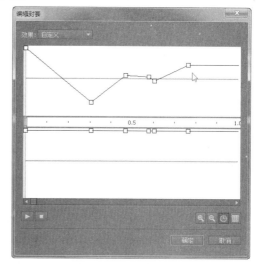

图13-16 "编辑封套"对话框

★ 停止声音按钮 ：停止当前播放的声音。

★ 播放声音按钮 ：对"编辑封套"对话框中设置的声音文件进行播放。

★ 放大按钮 ：对声道编辑区中的波形进行放大显示。

★ 缩小按钮 ：对声道编辑区中的波形进行缩小显示。

★ 秒按钮 ：以秒为单位设置声道编辑区中的声音。

★ 帧按钮 ：以帧为单位设置声道编辑区中的声音。

13.3.4 压缩导出声音

打开"库"面板，在面板中选择已经导入的声音文件，单击鼠标右键，在弹出的菜单中选择"属性"选项，弹出"声音属性"对话框，如图13-17所示。

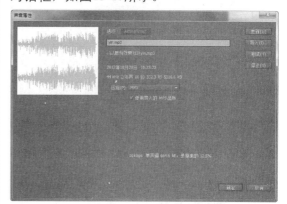

图13-17 "声音属性"对话框

在"声音属性"对话框中可以设置以下参数。

★ 更新：单击此按钮，可以更新声音。

★ 导入：单击此按钮，可以重新导入一个声音文件。

★ 测试：单击此按钮，可以测试声音效果。

★ 停止：单击此按钮，可以停止声音测试。

★ 压缩：单击此按钮，可以设置声音输出格式。在其右侧的下拉列表中选择声音的输出格式，如图13-18所示。

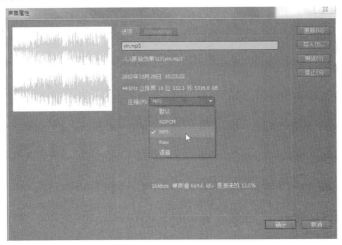

图13-18 压缩方式

1. 默认

选择"默认"压缩方式，将使用发布设置对话框中的默认声音压缩设置。

2. ADPCM

ADPCM压缩适用于对较短的事件声音进行压缩。选择此选项后，会在"压缩"下拉列表的下方出现有关ADPCM压缩的设置选项，如图13-19所示。

图13-19 ADPCM压缩设置

★ 预处理：勾选此复选框，可以将混合立体声转换为单声道，单声道不受此选项的影响，这样可以减少声音的存储量。

★ 采样率：采样率的大小关系到音频文件的大小，适当调整采样率既能增强音频效果，又能减少文件的大小。

◆ 5kHz：最低的可以接受标准，能够达到人说话的声音。

- ◆ 11kHz：标准CD比率的1/4，是最低的建议声音质量。
- ◆ 22kHz：适用于Web回放。
- ◆ 44kHz：标准的CD音频比率。

★ ADPCM位：可以从下拉列表框中选择2～5位的选项，据此可以调整文件的大小。

3. MP3

MP3压缩一般用于压缩较长的流式声音。选择此选项，会在"压缩"下拉列表的下方出现有关MP3压缩的设置选项，如图13-20所示。

图13-20　MP3压缩设置

★ 比特率：在其下拉列表中选择一个适当的传输速率，调整音乐的效果，比特率的范围为8～160kbit/s。

★ 品质：可以根据压缩文件的需求，进行适当的选择。

- ◆ 快速：压缩速度快，但是声音的质量较低。
- ◆ 中：压缩速度较慢，但是声音的质量较高。
- ◆ 最佳：压缩速度最慢，但是声音的质量最高。

4. Raw

如果选择"Raw"选项，则在导出动画时不会压缩声音。选择此选项后，会在"压缩"下拉列表的下方出现有关原始压缩的设置选项，如图13-21所示。在原始压缩设置中，只需设置采样率和预处理，具体设置与ADPCM压缩设置相同。

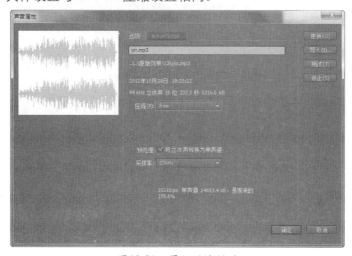

图13-21　原始压缩设置

5. 语音

"语音"选项使用一种特别适合于语音的压缩算法导出声音，选择此选项后，会在"压缩"下拉列表的下方出现有关语音压缩的设置选项，如图13-22所示。

图13-22　语音压缩设置

13.4　添加声音

一个精彩的Flash动画作品仅仅有一些图形动画效果是不够的，可以给图形、按钮乃至整个动画配上合适的背景声音，这样能使整个作品更加精彩，具有画龙点睛的作用，给观众带来全方位的艺术享受。如今很流行的Flash MV就是Flash对声音运用的典型代表。

13.4.1　课堂小实例——为按钮添加声音

按钮是元件的一种，它可以根据4种不同的状态显示不同的图像，我们还可以给它加入音效，使其在操作时具有更强的互动性。下面为Flash动画添加音乐效果，单击按钮"音乐"，即可播放出精美的音乐，如图13-23所示。具体操作步骤如下。

图13-23　为按钮添加声音动画

01 新建一空白文档，执行"文件"|"导入"|"导入到舞台"命令，弹出"导入"对话框，选择导

入的图像，如图13-24所示。

02 单击"确定"按钮，导入图像文件，如图13-25所示。

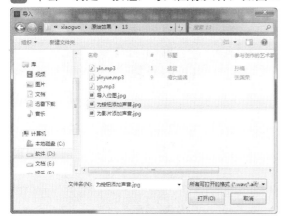

图13-24 "导入"对话框

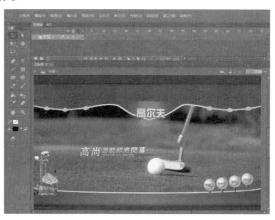

图13-25 导入图像文件

03 执行"插入"|"新建元件"命令，弹出"创建新元件"对话框，"类型"选择"按钮"，如图13-26所示。

04 单击"确定"按钮，切换到按钮元件的编辑模式，如图13-27所示。

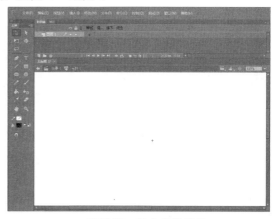

图13-26 "创建新元件"对话框

图13-27 元件编辑模式

05 选中"弹起"帧，选择工具箱中"椭圆"工具，在"属性"面板中设置相应的属性，并绘制椭圆，如图13-28所示。

06 选择工具箱中的"文本"工具，在椭圆上面输入文字"音乐"，如图13-29所示。

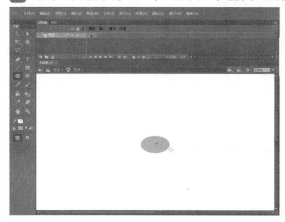

图13-28 绘制椭圆

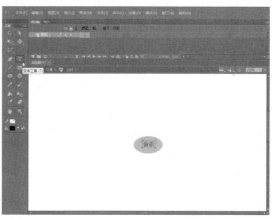

图13-29 输入文本

07 单击"新建图层"按钮，新建图层2。在图层1的"指针经过"帧按F6键插入关键，在图层2的"指针经过"帧按F6键插入关键帧，如图13-30所示。

08 执行"文件"|"导入"|"导入到库"命令，在弹出的"导入到库"对话框中选择声音文件yinyue.mp3，单击"打开"按钮，将声音文件导入到库中，如图13-31所示。

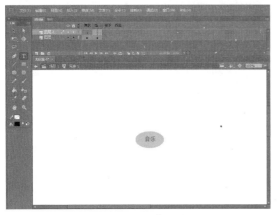

图13-30　新建图层

图13-31　导入到库

09 选择图层2的"指针经过"帧，将导入的声音文件拖入到舞台中，如图13-32所示。

10 单击"场景1"，进入主场景，在"库"面板中将制作好的按钮元件拖入到舞台中，如图13-33所示。

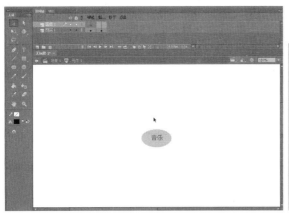

图13-32　拖入声音文件

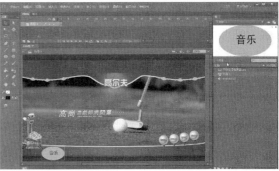

图13-33　拖入按钮元件

13.4.2　课堂小实例——为影片添加声音

下面通过实例的讲述为影片添加声音，效果如图13-34所示。

图13-34　为影片添加声音效果

01 新建一空白文档，执行"文件"|"导入"|"导入到舞台"命令，弹出"导入"对话框，如图13-35所示。

02 单击"确定"按钮，导入图像文件，如图13-36所示。

图13-35　"导入"对话框

图13-36　导入图像

03 单击"时间轴"面板底部的"新建图层"按钮，新建一个图层2，如图13-37所示。

04 执行"文件"|"导入"|"导入到库"命令，将声音文件导入到库中，如图13-38所示。

图13-37　新建图层2

图13-38　导入声音

05 选中新建的图层2，在"库"面板中将声音文件拖入到文档中，如图13-39所示。

06 选中插入声音文件的帧，在"属性"面板中的"同步"右边的第2个下拉列表框中将"重复"设置为"循环"，如图13-40所示。

图13-39　拖入声音

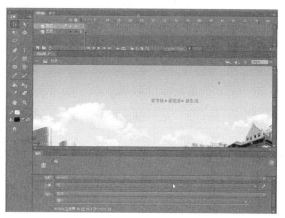

图13-40　设置声音属性

13.5 导入视频文件

Flash视频具备创造性的技术优势，允许把视频、数据、图形、声音和交互式控制融为一体，从而创造出引人入胜的丰富体验。Flash视频允许将视频以几乎任何人都可以查看的格式轻松地放在网页上。

13.5.1 Flash支持的视频文件格式

如果在系统上安装了QuickTime 4以上的版本或者DirectX 7以上版本，则可以导入各种文件格式的视频剪辑，包括MOV（QuickTime影片）、AVI（音频视频交叉文件）和MPG/MPEG。

★ MPEG-4文件：扩展名为*.mp4和*.m4v。
★ QuickTime影片文件：扩展名为*.mov和*.qt。
★ Flash视频文件：扩展名为*.flv和*.f4v。
★ 适用于移动设备的3GP文件：扩展名为*.3gp和*.3gpp。

13.5.2 视频编解码器

Sorenson Spark是包含在Flash中的运动视频编解码器，它使用户可以向Flash影片中添加视频内容。Spark是高品质的视频编码器和解码器，它显著地降低了将视频发送到Flash所需的带宽，同时提高了视频的品质。由于包含了Spark，所以Flash在视频性能方面获得了重大飞跃。

Spark视频编解码器由一个编码器和一个解码器组成。编码器是Spark中用于压缩内容的组件，主要供Flash影片的制作者使用。解码器是对压缩的内容进行解压以便能够对其进行查看的组件，主要供Flash影片的最终欣赏者使用，解码器已经包含在了Flash Player中。

对数字媒体可以应用两种不同类型的压缩，即空间压缩和时间压缩。时间压缩可以识别各帧之间的差异，并且只存储这些差异，根据帧与前面帧的差异来描述帧。没有更改的区域只是简单地重复前面帧中的内容。时间压缩的帧经常作为帧间使用。空间压缩适用于单个数据帧，与周围的任何帧无关。空间压缩可以是无损的或有损的。空间压缩的帧通常称为"内帧"。

Sorenson Spark是帧间编解码器。Sorenson Spark的高效帧间压缩是它有别于其他压缩技术的地方，它只需要比大多数其他编解码器更低的数据速率，就能产生高品质的视频。许多使用内帧压缩的其他编解码器（例如JPEG）是内帧编解码器。

如何压缩视频很大程度上取决于视频的内容。对于谈话者头部的特写画面，由于它的动作很少并且只有短促的适中运动，因此对它的视频剪辑进行压缩和对足球比赛的镜头进行压缩有很大不同。以下是对产生最佳Flash视频的一些提示。

（1）尽量简单。避免使用精致的变换，它们的压缩情况不好，并且在更改期间会使最终压缩的视频看起来有些矮胖。

（2）了解观众的数据速率。如果要通过因特网发送视频，则应该以较低的内部网数据产生文件。高速连接因特网的用户几乎不用等待即可查看该文件，但是拨号用户必须等待文件下载。在这些情况下，最好将剪辑变短，使得下载时间处于拨号用户能够接受的范围内。

（3）选择正确的帧频。如果剪辑所用的数据速率较高，则较低的帧频可以改善在低端计算机上的回放效果。例如，如果要压缩动作较少的谈话者头部特写剪辑，将帧频降低一半可能只会节省20%的数据速率。如果要压缩高速运动的视频，降低帧频会对数据速率产生显著的影响。

（4）因为视频在最初时效果最好，所以如果发送通道和回放平台允许的话，建议保留高的帧频。但是，如果需要降低帧频，按整数倍降低帧频将会带来最佳结果。

（5）选择适合数据速率的帧大小。和帧频一样，影片的帧大小对于高品质视频的生成是很重要的。对于给定的数据速率（连接速度），增大帧大小会降低视频品质。在为视频选择帧大小时，还必须考虑帧频、原始资料和个人喜好。下面列出的内容可以作为一个准则，常用的单帧画面大小如下所示：

★　调制解调器调整为160×120。

★　双ISDN调整为192×144。

★　T1/DSL/电缆调整为320×240。

（6）了解下载进度。应该了解下载剪辑所需的时间。当正在下载视频剪辑时，用户可能会显示其他一些内容来"掩饰"下载。对于较短的剪辑，可以使用下面的公式：暂停=下载时间－播放时间+10%×播放时间。例如，如果剪辑是30秒长，并且需要1分钟进行下载，则应该给剪辑33秒钟的缓冲区，60－30+3=33（秒）。

（7）使用清晰的视频。原来的视频品质越高，最终剪辑的效果就越好。

（8）删除杂点和交错。在捕获视频内容之后，用户可能需要删除杂点和交错。

（9）对于音频，存在和视频一样的问题。为了达到好的音频压缩效果，必须使用清晰的原始音频。

13.5.3　导入视频文件

Flash具有创造性的技术优势，可以将视频镜头融入基于Web的演示文稿，允许把视频、数据、图形、声音和交互式控制等融为一体，从而创造出引人入胜的丰富经验。导入视频效果如图13-41所示。具体操作步骤如下。

图13-41　导入的视频教学文件

01　选择"文件"|"新建"命令，弹出"新建文档"对话框，在对话框中设置文档的高和宽，单击"确定"按钮新建一文档，如图13-42所示。

02　选择"文件"|"导入"|"导入视频"命令，弹出"选择视频"对话框，如图13-43所示。

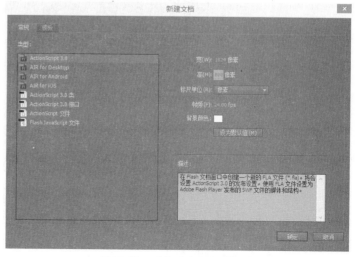

图13-42　"新建文档"对话框

03 单击"文件路径"后面的"浏览"按钮，弹出"打开"对话框，在对话框中选中要导入的视频文件，如图13-44所示。

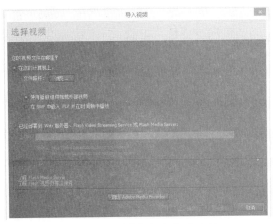

图13-43　"选择视频"对话框　　　　　　　图13-44　"打开"对话框

04 设置完毕以后，进入"设定外观"界面，在对话框中设置外观的颜色和外观，如图13-45所示。

05 单击"下一步"按钮，完成视频导入，如图13-46所示。

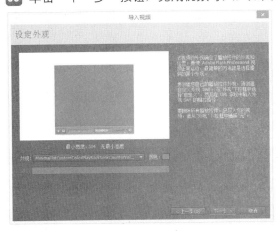

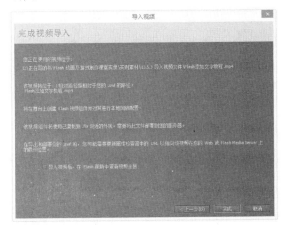

图13-45　"外观"界面　　　　　　　　　　图13-46　"完成"界面

06 单击"完成"按钮，将视频文件导入到舞台中，如图13-47所示。

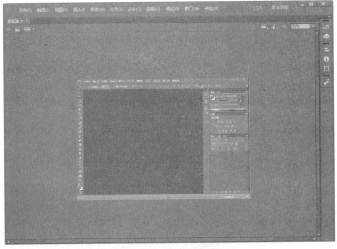

图13-47　导入视频

07 保存文档，按Ctrl+Enter组合键测试影片，效果如图13-41所示。

13.6 实战应用

通过本课学习，读者应该掌握几种常用格式文件的导入方法以及各参数的设定情况。本节将通过实例讲述具体的应用。

13.6.1 实例1——带背景音乐的贺卡

下面讲述带背景音乐的贺卡的制作，效果如图13-48所示，具体操作步骤如下。

图13-48 爱情贺卡

01 打开需要添加音乐的贺卡文档，如图13-49所示。

图13-49 打开文档

02 单击"时间轴"面板底部"新建图层"按钮，新建一个背景图层，如图13-50所示。

图13-50 新建背景图层

03 选择"文件"|"导入"|"导入到库"命令，弹出"导入到库"对话框，在对话框中选择音乐文件，如图13-51所示。

图13-51 "导入到库"对话框

04 单击"打开"按钮，将其导入到"库"面板中，如图13-52所示。

图13-52 "库"面板

05 选中图层2的第1帧，在"库"面板中将音乐文件拖入到文档中，在"属性"面板中的设置相应的属性，如图13-53所示。

图13-53 拖入声音文件

06 保存文档，按Ctrl+Enter组合键测试影片，效果如图13-50所示。

13.6.2 实例2——视频和音频的实际应用

前面讲解了一些视频导入向导的设置，下边用一个实例来加深读者对上述知识点的理解。
具体操作步骤如下。

01 新建一空白文档，选择"文件"|"导入"|"导入视频"命令，弹出"选择视频"对话框，如图
13-54所示。

02 单击"文件路径"后面的"浏览"按钮，弹出"打开"对话框，在对话框中选中要导入的视频
文件，如图13-55所示。

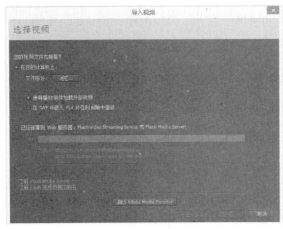 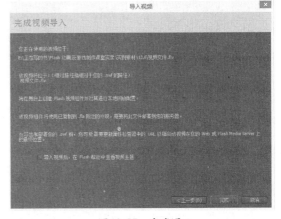

图13-54 "选择视频"对话框   图13-55 "打开"对话框

03 单击"下一步"按钮，进行视频的外观设置，如图13-56所示。

04 单击"下一步"按钮，显示完成视频导入对话框，并显示设置概要，如图13-57所示。

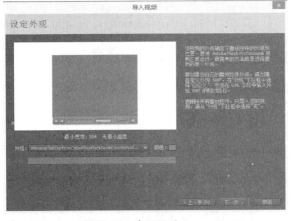

图13-56 外观设置   图13-57 完成导入

05 单击"完成"按钮，将弹出Flash视频编码进度条，完成以后导入到舞台中，如图13-58
所示。

06 选择"修改"|"文档"命令，在弹出的"文档属性"对话框中宽设置为320，高设置为270，单
击"确定"按钮，修改文档属性，如图13-59所示。

07 为了使导出后的Flash文件尽量小，现在对该动画的声音文件进行压缩。选择"文件"|"发布设
置"命令，弹出"发布设置"对话框，如图13-60所示。

图13-58 导入到舞台

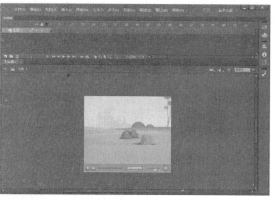

图13-59 修改文档属性

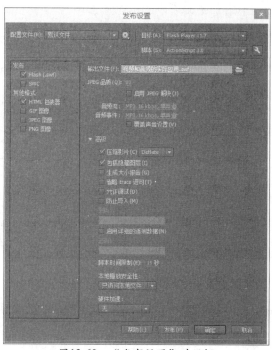

图13-60 "发布设置"对话框

08 单击"音频流"后面的设置，在弹出的"声音设置"对话框中进行相应的设置，如图13-61所示。

09 设置完毕后，单击"确定"按钮。在"发布设置"对话框中单击"发布"按钮，然后单击"确定"按钮。保存文档，按Ctrl+Enter组合键测试影片，如图13-62所示。

图13-61 "声音设置"对话框

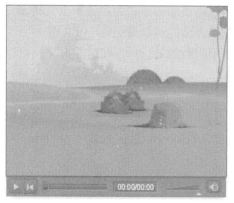

图13-62 测试影片

13.7 课后练习

一、填空题

1. 在Flash中，不能编辑输入的位图，如果将其转化为矢量图，就可以改变色彩及外形等，还可以减少图形的_____。

2. 存储音频文件的格式是多种多样的，在Flash中可以直接引用的主要有_____和_____两种音频格式的文件。

二、操作题

利用本课所学的知识，给如图13-63所示的动画添加声音。

图13-63　为动画添加声音

13.8 本课小结

本课介绍了可以导入的资源格式以及导入的方法，还重点介绍了声音的编辑和压缩。通过资源的导入使得可以应用到动画中的资源大大丰富，因此制作出的效果也更加丰富了。而给移动设备开发声音文件也使得Flash的应用范围大大扩大了，以后Flash会给人们的移动设备带来更刺激的游戏、更美妙的MTV及更加搞笑的动画。

通过本课学习，读者应该掌握几种常用格式文件的导入方法以及各参数的设定情况。对声音和图像方面的知识有更深一步的了解。另外，声音的编辑与压缩、视频的导入与编辑都是动画中必须用到的知识点。在这些方面，希望读者能通过大量的练习以达到熟练掌握的目的。

第14课
优化与发布Flash动画

本课导读

　　Flash动画的创建目的是为了应用，当准备好的动画传递给观众时，可以发布Flash CC文档用于回放。默认情况下，发布命令可以创建SWF并将Flash动画插入浏览器窗口中的HTML文档，同时，用户也可以以其他文件格式发布FLA文件，以及在浏览器窗口中显示这些文件所需的HTML。

技术要点
- ★ 动画的测试
- ★ 动画的优化
- ★ 发布设置
- ★ 动画的导出和发布

14.1 动画的测试

当准备在网络上展示动画时，必须面对质量与数量的问题。较高质量会增加文档尺寸，文档越大，下载时间越长，动画播放越慢。增大文档尺寸的东西包括许多点帧、声音、代替过渡的关键帧、同一时刻的多重动作区域、嵌入字体、渐变色和代替角色与群组的分立图像元素等。为帮助寻找动画停顿的部位，Flash提供了模拟流。文档尺寸报告和宽带情况图会显示哪个帧导致了故障的产生，以能相应的做出重新考虑及优化设计。

编辑完成Flash后，可以测试Flash影片，按Ctrl+Enter组合键或选择菜单中的"控制"|"测试"命令，可以对Flash动画进行测试，如图14-1所示。

Flash不仅可以测试影片的全部内容，也可以测试影片的一部分场景。测试场景可以按Ctrl+Alt+Enter组合键或者选择菜单中的"控制"|"测试场景"命令，对Flash的场景进行测试，如图14-2所示。

图14-1 测试影片

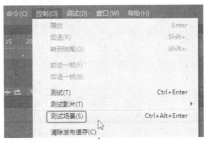
图14-2 测试场景

14.2 动画的优化

Flash动画文件越大，那么下载和播放速度就越慢，为了减少Flash动画的所占空间，加快动画的下载速度，在导出动画之前，需要对动画文件进行优化。

优化动画主要包括在动画制作过程中的优化、对元素和色彩的优化和对文本的优化。

1. 动画制作过程的优化

主要有以下3个方面：

（1）动画中相同对象转换为元件，只保存一次多个同样内容的对象，从而减少动画的数据量。

（2）制作动画过程中，注意减少逐帧动画的使用，尽量使用补间动画，补间动画中的过渡帧是系统计算得到的，而逐帧动画的过渡帧是通过用户添加对象得到的，因此补间动画的数据量相对于逐帧动画要小。如果制作类似的动画效果，渐变动画相对于逐帧动画的体积要小很多。

（3）位图比矢量图的体积大得多，调用素材时最好多使用矢量图。

2. 优化动画元素与色彩

在制作动画的过程中，还应该考虑到对元素与色彩的优化选择。对元素的优化主要有以下6个方面：

（1）导入的位图等素材应尽量少，尽量减少动画所占的体积。

（2）导入声音文件时尽量使用体积相对于其他音乐格式较小的MP3格式。

（3）对动画中的各元素进行分层管理。

（4）尽量减小矢量图形的复杂程度。

（5）尽量减少特殊形状矢量线条的应用，如斑马线、点线和虚线等。

（6）尽量使用矢量线条替换矢量色块，因为矢量线条的数据量比矢量色块小。

3. 优化文本

在制作动画的过程中对于常常用到的文本内容也需要优化，对文本的优化主要有以下两个方面：

（1）尽量不要将文字打散。

（2）使用文本时不要运用太多种类的字体和样式，使用过多的字体和样式会使动画的数据量加大。

14.3 发布设置

"发布"命令可以创建SWF文件，并将其插入浏览器窗口中的HTML文档。也可以以其他文件格式发布FLA文件。为了以多种方式快速地发布文档，可以创建发布配置文件，以便命名和保存"发布设置"对话框的不同配置。在创建发布配置文件之后，可以将其导出，以便在其他文档中使用，或供在同一项目上工作的其他人使用。

14.3.1 Flash发布格式

执行"文件"|"发布设置"命令，弹出"发布设置"对话框，在"发布设置"对话框中，选择"Flash"标签，出现如图14-3所示的对话框。

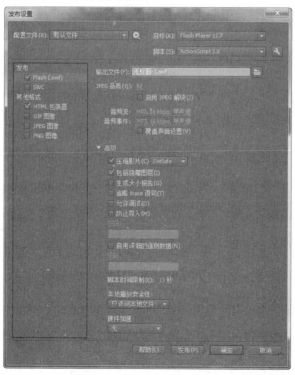

图14-3 "发布设置"对话框

14.3.2 HTML发布格式

在"发布设置"对话框中，选择"HTML"选项卡，切换到HTML格式设置对话框中的选项，如图14-4所示。

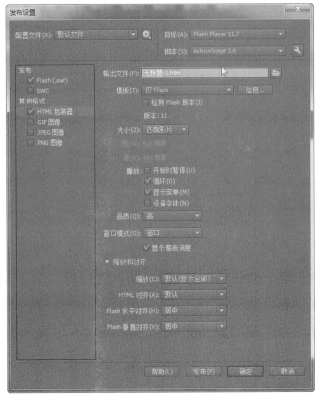

图14-4 "发布设置"对话框

★ 模板：生成HTML文件时所用的模板，单击"信息"按钮可以查看关于模板的介绍。

★ 大小：定义HTML文件中Flash动画的长和宽。

◆ 匹配影片：设定的尺寸和影片的尺寸大小相同。

◆ 像素：选取后，可以在下面的宽和高的文本框中输入像素数。

◆ 百分比：选取后，可以在下面的宽和高的文本框中输入百分比。

★ "播放"有以下复选项。

◆ 开始时暂停：动画在第1帧就暂停。

◆ 显示菜单：选中后，在生成的动画页面上鼠标右键单击，会弹出控制影片播放的菜单。

◆ 循环：设置是否循环播放动画。

◆ 设备字体：使用经过消除锯齿处理的系统字体替换那些用户系统中未安装的字体。

★ 品质：选择动画的图像质量。

★ 窗口模式：选择影片的窗口模式。

◆ 窗口：Flash影片在网页中的矩形窗口内播放。

◆ 不透明无窗口：如果要想在Flash影片背后移动元素，同时又不想让这些元素显露出来，就可以使用这个选项。

◆ 透明无窗口：使网页的背景可以透过Flash影片的透明部分。

★ HTML对齐：用于确定影片在浏览器窗口中的位置。

◆ 默认：使用系统中默认的对齐方式。

◆ 左：将影片位于浏览器窗口的左边排列。

◆ 右：将影片位于浏览器窗口的右边排列。

◆ 顶部：将影片位于浏览器窗口的顶端排列。

◆ 底部：将影片位于浏览器窗口的底部排列。

★ 缩放：动画的缩放方式。

◆ 默认：按比例大小显示Flash影片。

◆ 无边框：使用原有比例显示影片，但是去除超出网页的部分。

◆ 精确匹配：使影片大小按照网页的大小进行显示。

◆ 无缩放：不按比例缩放影片。

★ Flash对齐：动画在页面中的排列位置。

★ 显示警告信息：选择该复选框后，如果影片出现错误，则会弹出警告信息。

14.3.3　GIF发布格式

在"发布设置"面板中，选择"GIF"选项卡，切换到GIF格式设置对话框中的选项，如图14-5所示。

图14-5　"发布设置"对话框

★　大小：输入导出图像的高度和宽度。
★　播放：决定创建的是静态的图片还是动画。
◆　静态：发布的GIF为静态图像。
◆　动画：发布的GIF为动态图像，选择该项后，可以设置动画的循环播放次数。
◆　平滑：经过平滑处理可以产生高质量的位图图像。

14.3.4　发布JPEG

JPEG是将图像保存为高压缩比的24位位图，它适合于导出包含连续色调的图像。JPEG文件的发布设置与GIF的一样，只是JPEG的选项卡的内容有所不同，如图14-6所示。

图14-6　"发布设置"对话框

★　大小：输入导出图像的高度和宽度。
★　品质：图像品质越低，生成的文件越小反之越大。
★　渐进：选中该复选框，可以逐渐显示JPEG图像，在低速的网络中可以感觉下载速度很快。

14.4　动画的导出和发布

导出影片命令可以创建能在其他应用程序中进行编辑的内容，并将影片直接导出为单一的格式。导出当前Flash影片的内容，可以使用"导出影片"和"导出图像"命令。

★　"导出影片"命令：可以将Flash动画导出为Flash动画或静止图像，而且可以为动画中的每一帧都创建一个带有编号的图像文件，还可以将动画中的声音导出为WAV文件。
★　"导出图像"命令：可以将当前帧内容或当前所选图像导出为一种静止图像格式或导出为单帧动画。

14.4.1　课堂小实例——导出影片

打开导出动画文件的Flash文件，执行"文件"|"导出"|"导出影片"命令，打开"导出影片"对话框，如图14-7所示，在对话框中的"名称"文本框中输入动画的名称，在"保存类型"下拉列表中，选择保存类型"Flash影片（*.swf）"，单击"保存"按钮即可。

14.4.2　课堂小实例——导出图像

可以以多种不同的格式导出Flash图像，PNG是唯一支持透明度的跨平台位图格式，而其他非位图导出格式不支持alpha效果或遮罩层。执行"文件"|"导出"|"导出图像"命令，打开"导出图像"对话框，如图14-8所示。

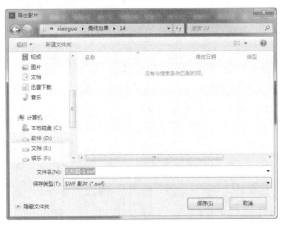

图14-7 "导出影片"对话框

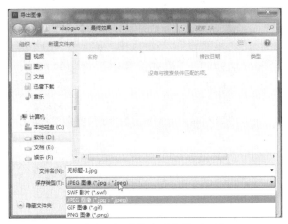

图14-8 "导出图像"对话框

1. 导出SWF格式

这种格式可以播放出所有在编辑时设置的动画效果和交互功能，而且文件容量小，可以设置保护。

2. 导出GIF图像

GIF动画是由一个个连续的图形文件所组成的动画，不过相对于Flash动画，它缺乏了声音和交互性的支持，而且颜色数也不如Flash丰富，但是制作完毕的Flash影片源文件可以导出GIF格式的动画。

执行"文件"|"导出"|"导出图像"命令，打开"导出图像"对话框，在对话框中为图像命名，"保存类型"选择"GIF图像"，单击"保存"按钮后，弹出"导出GIF"对话框，如图14-9所示。主要的一些选项如下。

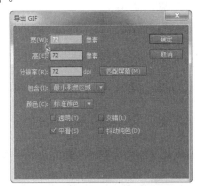

图14-9 "导出GIF"对话框

★ 宽和高：设置动画文件的宽和高。

★ 分辨率：与动画尺寸相应的屏幕分辨率。

★ 颜色：选择动画颜色的数量。

★ 包含：选择包含图像的大小。

★ 交错：使GIF动画，以由模糊到清晰的方式进行显示。

★ 透明：设置图像的背景为透明。

★ 平滑：消除位图的锯齿。

★ 抖动纯色：将颜色进行抖动处理。

3. 导出为JPEG图像

导出一个JPEG格式的位图文件序列，可将图像保存为高压缩比的24位位图。JPEG更适合显示包含连续色调的图像。动画中的每一帧都会转变为一个单独的JPEG文件，其导出设置与位图序列的设置项基本相似，不同的是还要设置图片的压缩比例以及在网络环境下显示该图像是否采用累积方式。

执行"文件"|"导出"|"导出图像"命令，打开"导出图像"对话框，在对话框中为图像命名，"保存类型"选择"JPEG图像"，单击"保存"按钮，打开"导出JPEG"对话框，如图14-10所示。在对话框中主要设置以下选项。

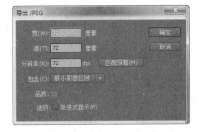

图14-10 "导出JPEG"对话框

★ 宽和高：设置动画文件的宽和高。

★ 分辨率：与动画尺寸相应的屏幕分辨率。

★ 包含：选择包含图像的大小。

★ 品质：设置JPEG图像的品质。

★ 选项：选中"渐进式显示"复选框，图像将由模糊到清晰显示。

4. 保存为PNG图像

　　执行"文件"|"导出"|"导出图像"命令，打开"导出图像"对话框，在对话框中为图像命名，"保存类型"选择"位图图像"，单击"保存"按钮，打开"导出位图"对话框，如图14-11所示，设置以下选项。

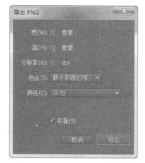

图14-11　　"导出PNG"对话框

★ 宽和高：用于设置导出的位图图像的大小。Flash确保指定的大小始终与原始图像保持相同的高宽比。

★ 分辨率：设置输出位图图像的分辨率，以dpi（点每英寸）为单位。

★ 包含：选择包含图像的大小。

★ 颜色：用于指定图像的色彩深度。一些Windows应用程序不支持较新的32位深度的位图图像，请使用较早的24位格式。

★ 平滑：设定输出位图是否进行Flash边缘平滑处理。使用该选项，将产生更高质量的位图图像。

14.5　课后练习

一、填空题

　　1. 在Flash中，测试动画，需要_____键来测试动画的效果。

　　2. 在Flash中，测试场景，需要按_____键来测试场景。

二、操作题

　　如何将影片导出为JPEG图像。

14.6　本课小结

　　本课详细介绍了Flash影片的发布处理、优化的方式，详细介绍了Flash动画的发布设置。通过对不同格式的相应参数进行设置，可将Flash影片发布为不同的格式，在发布前还可进行预览。通过本课的学习，用户可以将制作完毕的Flash影片按照需要进行优化设置及发布，成为一个最终完成的作品。

第15课
创意十足的电子贺卡设计

本课导读

　　使用Flash制作精美的贺卡是近年来的流行时尚。目前在网上提供网络贺卡的网站有很多。与传统的贺卡相比，网络贺卡具有声情并茂、发送快捷、可交互和节省费用的特点，因而受到很多人的喜爱。

技术要点
★　制作生日贺卡
★　制作圣诞贺卡
★　制作爱情贺卡

15.1 制作生日贺卡

Flash作品在网络上很有魅力，声、像和文字的结合从视觉上给读者带来很好的享受。本实例就以制作Flash贺卡为例，讲述Flash动画的制作。

实例效果

本例制作一个生日贺卡的效果，充满了生日的气氛，如图15-1效果。具体效果为在生日蛋糕的后面一颗红心在不停地跳动，还有无数的亮晶晶的小星星在不停地闪动，另外还有美妙的背景音乐伴随。

图15-1 生日贺卡的效果

实例分析

本例中的内容主要包括利用椭圆工具绘制形状，然后新建元件、导入蛋糕图片，然后输入文本，创建文本之间的补间动画。

本例的制作过程主要包括以下操作环节。

（1）绘制心形和气球形状。

（2）新建"心形"和"气球"元件。

（3）导入外部图像文件到舞台。

（4）将音乐文件导入。

（5）使用"文本"工具输入文字。

操作步骤

具体操作步骤如下。

01 新建文档，设置文档大小和背景颜色，如图15-2所示。

02 单击"确定"按钮，新建空白文档，如图15-3所示。

03 单击时间轴面板中的"新建图层"按钮，新建图层2，如图15-4所示。

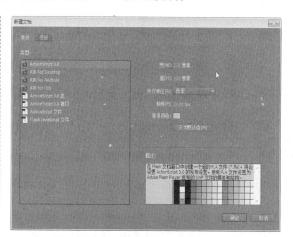

图15-2 "新建文档"对话框

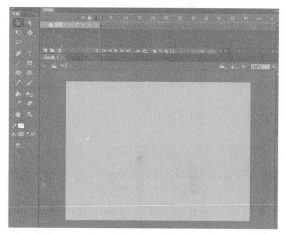

图15-3 新建文档

图15-4 新建图层2

04 选择工具箱中的"椭圆"工具，将填充颜色设置为无，笔触颜色设置为红色，在舞台中绘制椭圆，如图15-5所示。

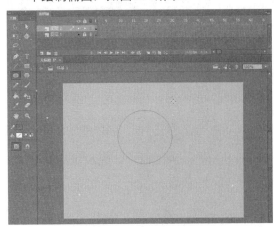

图15-5　绘制椭圆

05 选择工具箱中的"选择"工具，调整无填充颜色的椭圆为心形椭圆，如图15-6所示。

图15-6　调整形状

06 选择工具箱中的"填充"工具，执行"窗口"|"颜色"命令，打开"颜色"面板，设置径向渐变颜色为浅粉色到红色，如图15-7所示。

图15-7　设置径向渐变颜色

07 在舞台中单击心形形状，即可填充颜色为设置好的渐变颜色，如图15-8所示。

图15-8　填充颜色

08 选择形状，按F8键弹出"转换为元件"对话框，"类型"设置为"图形"，如图15-9所示。

图15-9　"转换为元件"对话框

09 单击"确定"按钮，将其转化为图形元件，如图15-10所示。

图15-10　转化为图形元件

10 选择元件，按F8键弹出"转换为元件"对话框，"类型"设为"影片剪辑"，单击"确定"按钮，将其转化为影片剪辑元件。如图15-11所示。

图15-11　"转换为元件"对话框

11 双击进入元件编辑模式，如图15-12所示。

图15-12 元件编辑模式

12 在第30帧按F6键插入关键帧，如图15-13所示。

图15-13 插入关键帧

13 选中第1帧选择工具箱中的"任意变形"工具，将图像缩小，如图15-14所示。

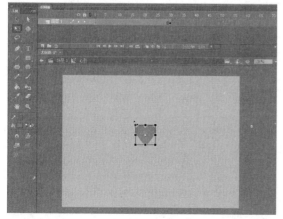

图15-14 缩小图像

14 在1-30帧之间右击鼠标，在弹出的列表中选择"创建传统补间"，如图15-15所示。

15 选择以后创建补间动画，如图15-16所示。

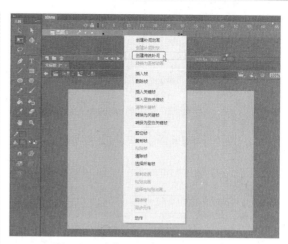

图15-15 选择"创建传统补间"选项

图15-16 创建补间动画

16 返回到主场景。单击"新建图层"按钮，新建图层3，如图15-17所示。

图15-17 新建图层3

17 选择工具箱中的"椭圆"工具，在舞台中绘制椭圆作为气球，如图15-18所示。

18 选择工具箱中的"线条"工具，在舞台中绘制直线作为气球的绳索，如图15-19所示。

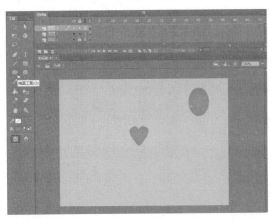

图15-18　绘制椭圆

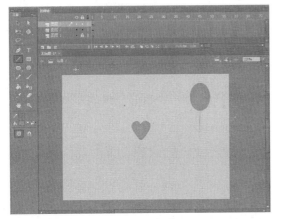

图15-19　绘制直线

19 选择工具箱中的"椭圆"工具，在舞台中绘制椭圆作为另一个汽球，如图15-20所示。

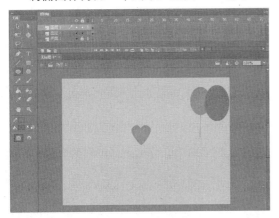

图15-20　绘制椭圆

20 选择工具箱中的"铅笔"工具，在舞台中绘制直线作为另一个汽球绳索，如图15-21所示。

21 选择图层3中的所有形状，按F8键弹出"转换为元件"对话框，"类型"设置为"图形"选项，如图15-22所示。

图15-21　绘制直线

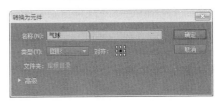

图15-22　"转换为元件"对话框

22 单击"确定"按钮，将其转化为图形元件，如图15-23所示。

图15-23　转化为图形元件

23 单击时间轴中的"新建图层"按钮，新建图层4，如图15-24所示。

图15-24　新建图层4

24 选择工具箱中"多角星形"工具，在"属性"面板中单击"选项"，如图15-25所示。

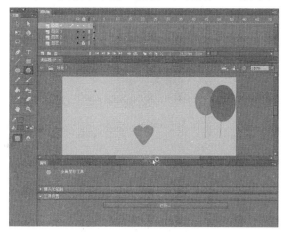

图15-25　单击"选项"按钮

25 弹出"工具设置"对话框，"样式"设置为"星形"，如图15-26所示。

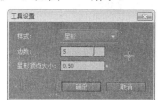

图15-26　"导入"对话框

26 单击"确定"按钮。在舞台中绘制星星，如图15-27所示。

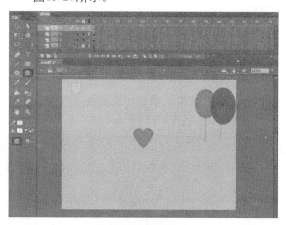

图15-27　绘制星星

27 选择星星按F8键，将其转化为图形元件，如图15-28所示。

28 选中元件按F8键弹出"转换为元件"对话框，"类型"设置为"影片剪辑"，如图15-29所示。单击"确定"按钮，将其转化为影片剪辑元件。

29 双击进入元件编辑模式，在第10帧按F6键插

入关键帧，如图15-30所示。

图15-28　转化为图形元件

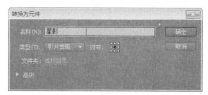

图15-29　"转换为元件"对话框

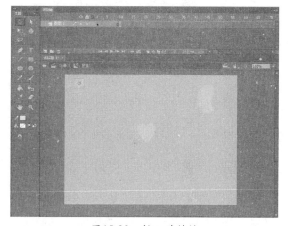

图15-30　插入关键帧

30 选中第10帧，选择工具箱中的"任意变形"工具，将图像缩小，如图15-31所示。

图15-31　缩小图像

31 打开"属性"面板,将"色彩效果"Alpha
透明度设置为0,如图15-32所示。

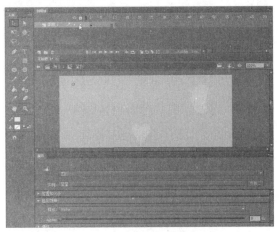

图15-32 设置透明度

32 在1-10帧之间右击鼠标,在弹出的列表中选
择"创建传统补间动画"选项,创建补间
动画,如图15-33所示。

图15-33 创建补间动画

33 为了导入蛋糕图像,单击"新建图层"按
钮,新建图层5,如图15-34所示。

图15-34 新建图层5

34 执行"文件"|"导入"|"导入到舞台"命
令,弹出"导入"对话框,如图15-35所示。

图15-35 "导入"对话框

35 在对话框中选择要导入的图像,单击"打
开"按钮,导入图像文件,如图15-36所示。

图15-36 导入图像

36 为了输入文本,单击"新建图层"按钮,新
建图层6,如图15-37所示。

图15-37 新建图层6

37 选择工具箱中的"文本"工具，在舞台中输入文本"生日快乐"，在"属性"面板中设置其属性，如图15-38所示。

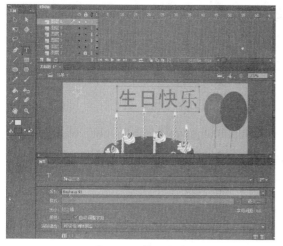

图15-38　输入文本

38 在"属性"面板中单击"添加滤镜"按钮，在弹出的列表中选择"发光"选项，如图15-39所示。

图15-39　选择"发光"选项

39 选择以后设置发光效果，将"模糊"设置为20，如图15-40所示。

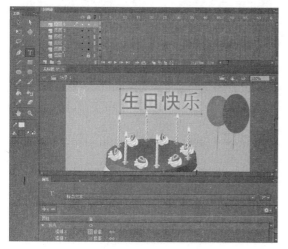

图15-40　设置发光效果

40 为了导入背景音乐文件，单击"新建图层"按钮，新建图层7，如图15-41所示。

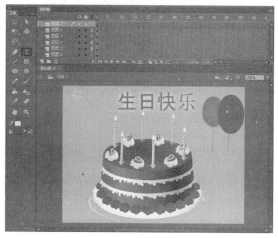

图15-41　新建图层7

41 执行"文件"|"导入"|"导入到库"命令，弹出"导入"对话框，如图15-42所示。

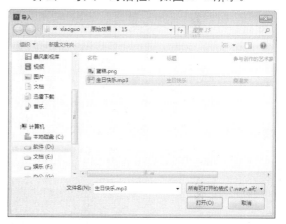

图15-42　"导入"对话框

42 单击"打开"按钮，将音乐文件导入到"库"面板中，如图15-43所示。

图15-43　导入音乐文件

43 在音乐文件拖到图层7的第1帧，如图15-44所示。

44 选择图层4的第1帧，将"库"面板中的"音影"元件多次拖入到舞台，如图15-45所示。

图15-44　拖入音乐文件

图15-5　拖入元件

15.2　制作圣诞贺卡

圣诞节中，什么圣诞礼物最能够寄托人们的关怀和思念之情呢，相信绝佳的选择就是圣诞贺卡了。你知道世界上第一个圣诞贺卡是怎么产生的吗？那时在1842年，由一位英国的传教士蒲力治亲手制作的，那个时候可没有什么圣诞贺卡图片和圣诞贺卡素材，一切都得自己来！蒲力治在一张卡片上，细心的绘制下了耶稣诞生时的场景，同时还不忘留下了自己亲手所写的圣诞祝福语："祝您圣诞快乐，新年平安！"。美丽而又充满温情的世界上第一张圣诞贺卡就这样诞生了。

实例效果

本实例主要讲述圣诞贺卡的制作，实例效果如图15-46所示。

图15-46　圣诞贺卡

实例分析

本例的制作过程主要包括以下操作环节。

（1）导入外部文件到库。

（2）绘制椭圆。

（3）创建影片剪辑元件。

（4）添加ActionScript代码。

（5）创建补间动画。

（6）输入文本。

操作步骤

具体操作步骤如下。

01 执行"文件"|"新建"命令，弹出"新建文档"对话框，设置文档大小，如图15-47所示。

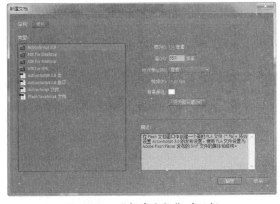

图15-47　"新建文档"对话框

02 单击"确定"按钮,新建空白文档,如图15-48
所示。

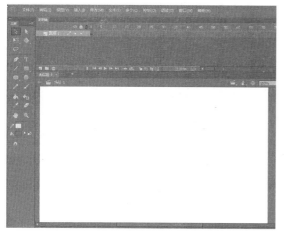

图15-48　新建文档

03 执行"文件"|"导入"|"导入到"命令,
弹出"导入"对话框,如图15-49所示。

图15-49　"导入"对话框

04 选择目录中的shengdan图像,单击"打开"
按钮,导入图像文件,如图15-50所示。

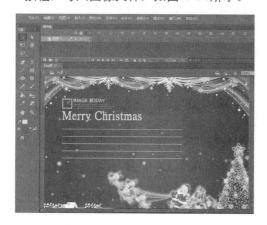

图15-50　导入图像

05 单击时间轴中的"新建图层"按钮,新建图

层2,如图15-51所示。

图15-51　新建图层2

06 选择工具箱中的"椭圆"工具,选择工具
箱中的"填充"工具,执行"窗口"|"颜
色"命令,打开"颜色"面板,设置径向
渐变颜色,如图15-52所示。

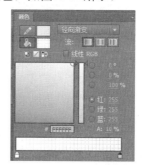

图15-52　设置径向渐变颜色

07 在舞台中按住鼠标右键绘制椭圆,如图15-53
所示。

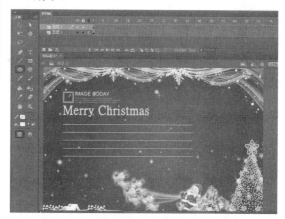

图15-53　绘制椭圆

08 选择绘制的椭圆,按F8键弹出"转换为元
件"对话框,将"类型"设置为"影片剪
辑",如图15-54所示。

图15-54 "转换为元件"对话框

09 单击"确定"按钮,将其转化为影片剪辑元件,如图15-55所示。

图15-55 转化为影片剪辑元件

10 打开"动作"面板,在面板中输入相应的代码,用于显示满天下雪的效果,如图15-56所示。

图15-56 输入代码

11 单击时间轴中的"新建图层"按钮,新建图层3,如图15-57所示。

图15-57 新建图层3

12 选择工具箱中的"文本"工具,在舞台中输入文本,如图15-58所示。

图15-58 输入文本

13 选择输入的文本按F8键弹出"转化为元件"对话框,"类型"设置为"影片剪辑",如图15-59所示。

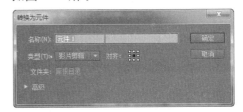

图15-59 "转化为元件"对话框

14 单击"确定"按钮,转化为影片剪辑,双击进入元件编辑模式,如图15-60所示。

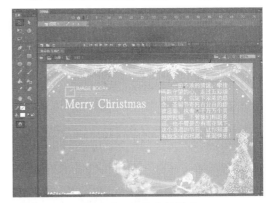

图15-60 元件编辑模式

15 单击时间轴中的"新建图层"按钮,新建图层2,如图15-61所示。

16 选择第1帧,将文本向上移动,如图15-62所示。

17 在1-30帧之间右击鼠标,在弹出列表中选择"创建传统补间动画",如图15-63所示。

图15-61　新建图层2　　　　　　　　　　图15-62　移动文本

18 选择以后创建补间动画，如图15-64所示。

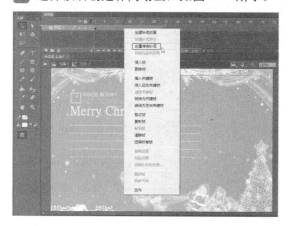

图15-63　选择"创建传统补间动画"选项　　　　　图15-64　创建补间动画

19 单击第80帧按F5键插入帧，如图15-65所示。

20 单击"场景1"按钮，返回到主场景，如图15-66所示。

图15-65　插入帧　　　　　　　　　　图15-66　返回到主场景

21 单击时间轴中面板中的"新建图层"按钮，新建图层4，如图15-67所示。

22 执行"文件"|"导入"|"导入到库"命令，弹出"导入到库"对话框，选择音乐文件，如图15-68所示。

23 单击"打开"命令，将音乐文件导入到"库"面板中，如图15-69所示。

24 将导入的音乐文件拖入到图层4的第1帧，至此圣诞贺卡制作完成，如图15-70所示。

图15-67　新建图层4

图15-68　"导入到库"对话框

图15-69　单击音乐文件

图15-70　拖入音乐文件

15.3　制作爱情贺卡

情人节快到了，想好送什么礼物给最爱的人了吗?其实什么礼物都比不过自己动手做出来的礼物，可以使用Flash来制作一个爱情贺卡。

实例效果

实例效果如图15-71所示。

图15-71　爱情贺卡

实例分析

本例中的内容主要包括利用导入图片、椭圆工具绘制形状，然后新建元件，然后输入文本，创建文本之间的补间动画。

本例的制作过程主要包括以下操作环节。

（1）绘制椭圆和绘制直线形状。

（2）新建元件。

（3）导入外部图像文件到舞台。

（4）创建补间动画。

（5）使用"文本"工具输入文字。

操作步骤

具体操作步骤如下。

01 新建文档，并设置文档大小，如图15-72所示。

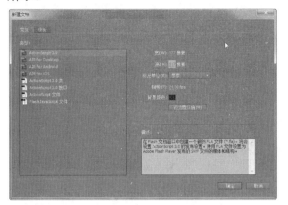

图15-72　"新建文档"对话框

02 执行"文件"|"导入"|"导入到"命令，弹出"导入"对话框，如图15-73所示。

图15-73　"导入"对话框

03 选择相应的图像，单击"打开"按钮，导入图像文件，如图15-74所示。

图15-74　导入图像

04 执行"插入"|"新建元件"命令，弹出

"创建新元件"对话框，"类型"设置为"图形"如图15-75所示。

图15-75　导入图像

05 单击"确定"按钮，进入元件编辑模式，如图15-76所示。

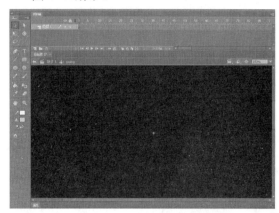

图15-76　元件编辑模式

06 选择工具箱中的"椭圆"工具，将笔触颜色设置为白色，在"属性"面板中设置笔触大小，在舞台中绘制椭圆，如图15-77所示。

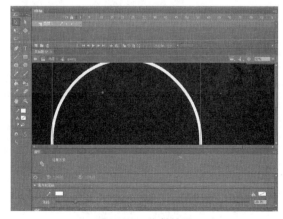

图15-77　绘制椭圆

07 选择工具箱中的"直线"工具，在椭圆中间绘制一直线，如图15-78所示。

08 选择绘制的椭圆右击鼠标，在弹出的列表中选择"复制"，复制线条，如图15-79所示。

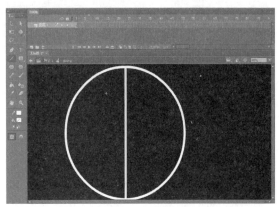

图15-78　绘制直线

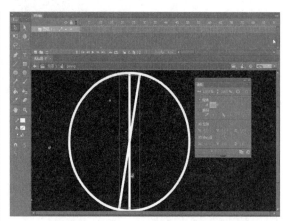

图15-81　"变形"面板

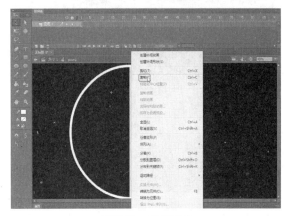

图15-79　复制线条

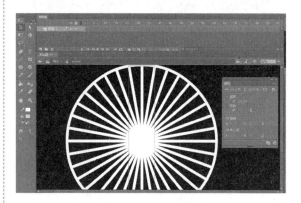

图15-82　复制线条

09 执行"编辑"|"粘贴到当前位置"选项如图15-80所示。

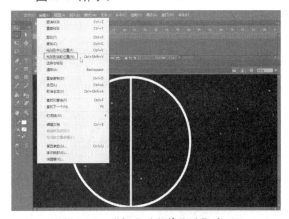

图15-80　"粘贴到当前位置"选项

10 选择以后复制线条，打开"变形"面板，将"旋转"设置为10°，如图15-81所示。

11 同步骤7-10复制出多个线条并选择角度，如图15-82所示。

12 选择工具箱中的"选择"工具，选择所有的线条，如图15-83所示。

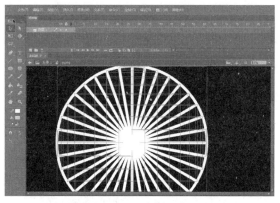

图15-83　选择线条

13 执行"修改"|"分离"命令，分离图像，如图15-84所示。

14 执行"插入"|"新建元件"命令，弹出"创建新元件"对话框，将"名称"设置为guangz，"类型"设置为"影片剪辑"，如图15-85所示。

15 单击"确定"按钮，进入元件编辑模式，将制作好的图形元件拖入到舞台中，如图15-86所示。

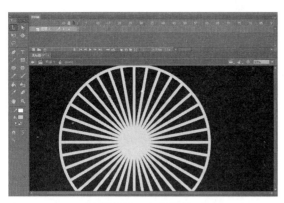

图15-84 分离图像

图15-85 "创建新元件"对话框

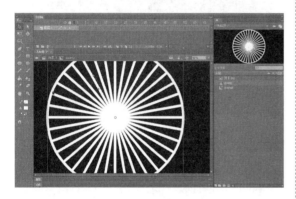

图15-86 拖入元件

16 选择第5帧按F6键插入关键帧,打开"变形"面板,设置旋转角度,如图15-87所示。

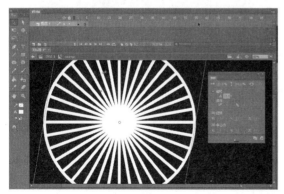

图15-87 设置旋转角度

17 在1-5帧之间右击鼠标,在弹出的列表中选择"创建传统补间"选项,如图15-88所示。

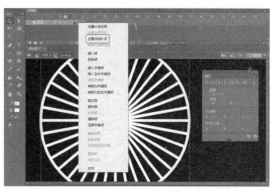

图15-88 选择"创建传统补间"选项

18 在第10帧按F6键插入关键帧,打开"变形"面板,设置旋转角度,如图15-89所示。

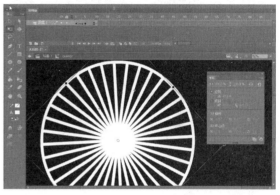

图15-89 设置旋转角度

19 在1-5帧之间右击鼠标,在弹出的列表中选择"创建传统补间"选项,创建补间动画,如图15-90所示。

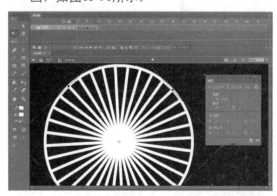

图15-90 创建补间动画

20 同步骤18-19制作10-15帧,15-20帧,20-25帧,25-30帧之间的补间动画,如图15-91所示。

21 单击"场景1"按钮,返回到主场景,单击时间轴中面板中的"新建图层"按钮,新建图层2,如图15-92所示。

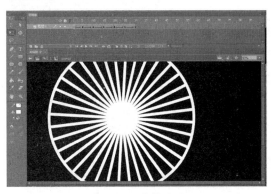

图15-91　补间动画

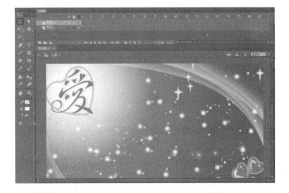

图15-92　新建图层2

22 将制作好影片剪辑guangz拖入到舞台中，如图15-93所示。

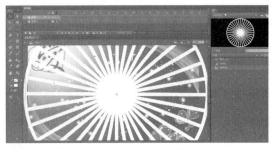

图15-93　拖入元件

23 选中拖入的元件，打开"属性"面板，将"色彩效果"的Alpha设置为10%，如图15-94所示。

图15-94　设置色彩效果

24 执行"插入"｜"新建元件"命令，弹出"创建新元件"对话框，将"名称"设置为ren，"类型"设置为"影片剪辑"，如图15-95所示。

图15-95　"创建新元件"对话框

25 单击"确定"按钮，进入元件编辑模式，如图15-96所示。

图15-96　元件编辑模式

26 执行"文件"｜"导入"｜"导入到舞台"命令，弹出"导入"对话框，选择图像ren.png，如图15-97所示。

图15-97　选择图像

27 单击"打开"命令，将图像导入到舞台中，如图15-98所示。

28 选择第30帧按F6键插入关键帧，选择工具箱中的"任意变形"工具，将图像调大，如图15-99所示。

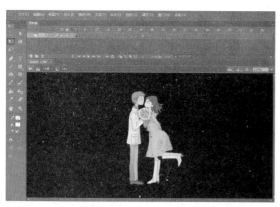

图15-98　导入图像

图15-99　将图像调大

29 选择1-30帧右击鼠标，在弹出的列表中选择"创建传统补间"选项，创建补间动画，如图15-100所示。

图15-100　创建补间动画

30 单击"场景1"按钮，返回到主场景，单击"新建图层"按钮，新建图层3，如图15-101所示。

31 在"库"面板中将制作好的ren影片剪辑拖入到舞台中，如图15-102所示。

32 新建图形元件wenz，选择工具箱中的"文本"工具，输入文字，如图15-103所示。

图15-101　新建图层3

图15-102　拖入元件

图15-103　输入文字

33 打开"属性"面板，单击"添加滤镜"按钮，在弹出的列表中选择"发光"选项，如图15-104所示。

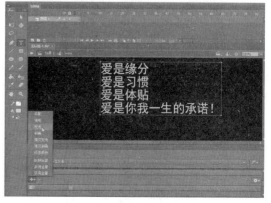

图15-104　选择"发光"选项

34 选择以后设置发光效果，将"模糊"设置为40，"颜色"设置为白色，如图15-105所示。

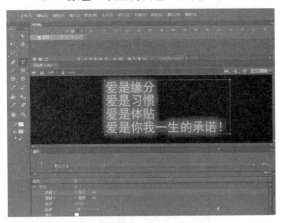

图15-105　设置发光效果

35 新建一wenben影片剪辑元件，将制作好的wenz图形元件拖入到舞台中，如图15-106所示。

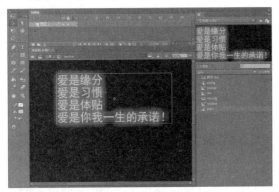

图15-106　拖入元件

36 在第30帧按F6键插入关键帧，如图15-107所示。

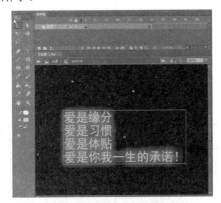

图15-107　插入关键帧

37 在1-30帧之间右击鼠标，在弹出的列表中选择"创建传统补间"选项，创建补间动画，如图15-108所示。

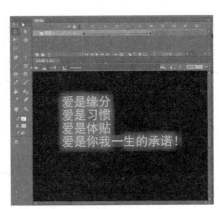

图15-108　创建补间动画

38 单击"新建图层"按钮，新建图层2，在第30帧按F6键插入关键帧，如图15-109所示。

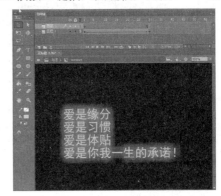

图15-109　插入关键帧

39 选打开"动作"面板，输入代码stop ();，如图15-110所示。

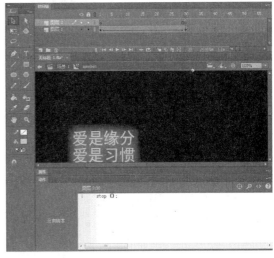

图15-110　输入代码

40 单击"场景1"按钮，返回到主场景新建图层4将制作好的wenben影片剪辑拖入到合适的位置，如图15-111所示。

图15-111 拖入影片剪辑

41 执行"文件"|"导入"|"导入到库"命令，导入音乐文件，如图15-112所示。

42 在图层4的上面新建图层5，将音乐文件拖入到文档中，如图15-113所示。

图15-112 导入音乐文件

图15-113 拖入音乐文件

15.4 本课小结

　　在前面的14课中，详细讲解了Flash中的所有内容。在本课中，给读者提供了几个Flash贺卡制作的综合实例，这些例子综合了前面各课的知识，在此希望通过这些例子给读者一些启发，最终能够起到穿针引线的作用。

第16课
3D效果与游戏设计

本课导读

　　Flash作为一款优秀的动画设计软件，一直在平面动画的制作中占据着重要的地位。它可以设计一些3D效果，3D动画中3D元件的建立大部分依靠的是逐帧动画，或利用渐变等效果绘制出立体感的图形，然后通过旋转或改变其位置等方式增强其立体感。另外还可以使用Flash制作精彩的小游戏。

技术要点
★　立体光影效果
★　制作3D滚动文本
★　制作简单的转盘

16.1 立体光影效果

Flash能够识别各种矢量和位图格式。可以将文件导入到当前Flash文档的舞台或库中。也可以通过将位图粘贴到当前文档的舞台中来导入它们。

实例效果

本例讲述如何输入文本后对文本进行扩散，然后选择工具箱中的"墨水瓶"工具对文本进行描边填充效果，使文本其产生立体光影效果，如图16-1所示。

图16-1 描边立体光影效果

实例分析

本例主要方法是利用图形线条、描边文字、在位移成立体感文字。

本例的制作过程主要包括以下操作环节。

（1）文本工具的使用。

（2）分离文本。

（3）图层和关键帧的添加。

（4）墨水瓶工具的使用。

（5）图形元件的使用。

（6）设置Alpha属性。

操作步骤

立体光影效果具体操作步骤如下。

01 执行"文件"|"新建"命令，弹出"新建文档"对话框，设置文档大小和背景颜色，如图16-2所示。

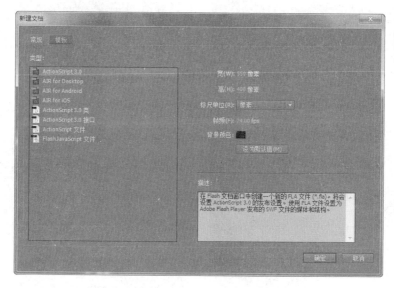

图16-2 "新建文档"对话框

02 单击"确定"按钮，新建空白文档，如图16-3所示。

03 选择工具箱中的"文本"工具，在舞台中输入文本，如图16-4所示。

04 选择文本，执行两次"修改"|"分离"命令，分离文本，如图16-5所示。

05 单击时间轴中的"新建图层"按钮，新建图层2、图层3和图层4，如图16-6所示。

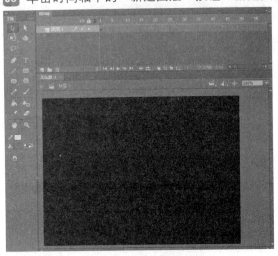

图16-3 新建文档

图16-4 输入文本

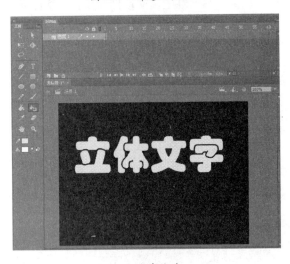

图16-5 分离文本

图16-6 新建图层

06 选择图层1的第1帧右击鼠标，在弹出的列表中选择"复制帧"选项，如图16-7所示。

07 单击选中图层2的第1帧，右击鼠标，在弹出的列表中选择"粘贴帧"，如图16-8所示。

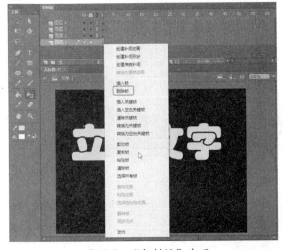

图16-7 "复制帧"选项

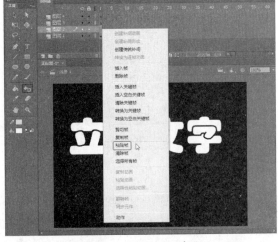

图16-8 "粘贴帧"命令

08 选择以后粘贴帧，同样在图层3和图层4的第1帧粘贴帧，如图16-9所示。

图16-9 粘贴帧

09 单击图层1、图层2和图层3眼睛图标和小锁图标，锁定隐藏图层，如图16-10所示。

图16-10 锁定隐藏图层

10 单击选中图层4的第1帧，选择"墨水瓶"工具，对文本进行描边，如图16-11所示。

图16-11 描边文本

11 单击选中文本剩余线条，按键盘中的Delete键删除文本，使其显示空心文字效果，如图16-12所示。

图16-12 删除文本

12 同样删除其余的文本，使其显示空心文字效果，如图16-13所示。

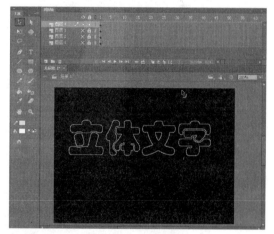

图16-13 删除文本

13 选中所有的线条，按F8键弹出"转化为元件"对话框，"类型"设置为"图形"选项，如图16-14所示。

图16-14 "转化为元件"对话框

14 单击"确定"按钮，将其转化为图形元件，如图16-15所示。

15 锁定隐藏图层4，解锁图层3，选择"墨水瓶"，"笔触"设为5，如图16-16所示。

图16-15　转换元件

图16-16　设置笔触大学

16 在文本边缘进行单击，即可对文本进行描边，如图16-17所示。

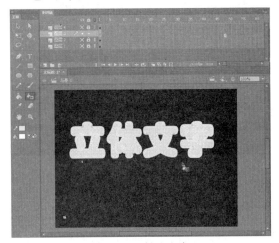

图16-17　描边文本

17 单击选中文本，按键盘中的Delete删除文本，使其光剩余线条如图16-18所示。

18 选中所有的线条，按F8键弹出"转化为元件"对话框，"类型"设置为"图形"选项，如图16-19所示。

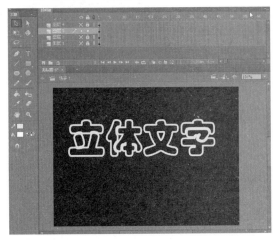

图16-18　删除文本

图16-19　"转化为元件"对话框

19 单击"确定"按钮，转化为图形元件。在"属性"面板中将"色彩效果"Alpha设置为50%，如图16-20所示。

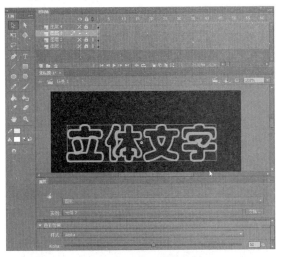

图16-20　设置色彩效果

20 单击锁定隐藏图层3，解锁图层2，选择工具箱中的"墨水瓶"工具，在"属性"面板中将"笔触"设置为10，如图16-21所示。

21 单击选中文本，按键盘中的Delete删除文本，使其显示空心文字效果，如图16-22所示。

第16课 3D效果与游戏设计

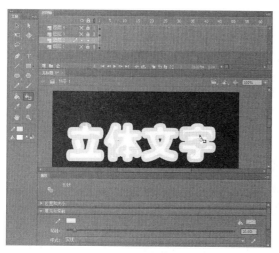

图16-21 设置墨水瓶

图16-22 删除文本

22 将其转化为图形元件，将"色彩效果"Alpha设为20%，如图16-23所示。

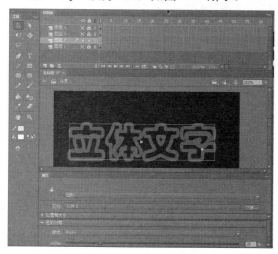

图16-23 转化为图形元件

23 解锁显示图层2、图层3和图层4，效果如图16-24所示。

图16-24 解锁显示图层

24 选择图层2，将文本向下移动一定的距离，使其产生立体感，如图16-25所示。

图16-25 移动文本

25 单击解锁显示图层1，即可看到立体效果，如图16-26所示。

图16-26 解锁图层1

26 保存文档，按Ctrl+Enter组合键测试动画效果，如图16-27所示。

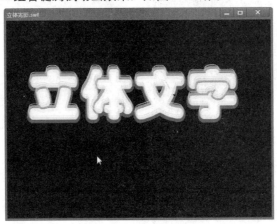

图16-27　测试动画效果

16.2　制作3D滚动文本

如何轻松而又快捷地制作出3D滚动文本效果,使之更加生动和美观?本例将从最基本的文字编辑开始，一步步地构筑出3D视觉文本。

实例效果

本例制作让文本从下向上移动，逐渐文字消失不见的3D滚动文本效果，如图16-28所示。

图16-28　3D滚动文本

实例分析

本例的制作过程主要包括以下操作环节。

（1）影片剪辑元件的使用。

（2）文本的输入与编辑。

（3）"动画预设"面板的使用。

（4）3D文本滚动效果。

操作步骤

3D文本滚动具体操作步骤如下。

01 执行"文件"|"新建"命令，弹出"新建文档"对话框，设置文档大小和颜色，如图16-29所示。

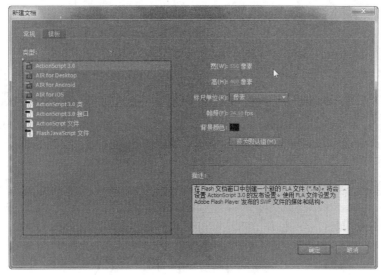

图16-29　"新建文档"对话框

02 单击"确定"按钮，新建空白文档，如图16-30所示。

03 执行"插入"|"新建元件"命令，弹出"创建新元件"对话框，"类型"设置为"影片剪辑"选项，如图16-31所示。

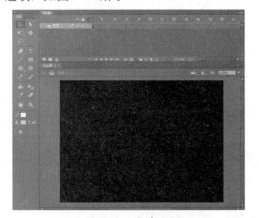

图16-30　新建文档

图16-31　"创建新元件"对话框

04 单击"确定"按钮，进入元件编辑模式，如图16-32所示。

05 选择工具箱中的"文本"工具，在舞台中输入文本，如图16-33所示。

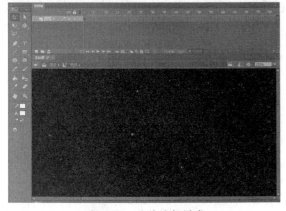

图16-32　元件编辑模式

图16-33　新建图层2

06 复制输入的文本，然后多次粘贴文本效果，如图16-34所示。

07 单击"场景1"按钮,返回到主场景,将制作好的影片剪辑元件拖入到舞台中,如图16-35所示。

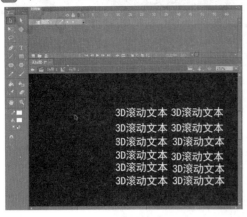

图16-34 粘贴文本

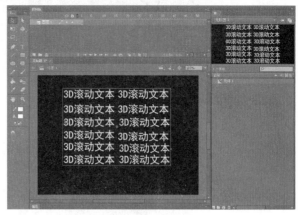

图16-35 拖入元件

08 执行"窗口"|"动画预设"命令,如图16-36所示。

09 打开"动画预设"面板,单击"默认预设",如图16-37所示。

10 在展开的列表中选择"3D文本滚动"选项,如图16-38所示。

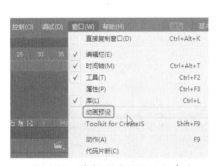

图16-36 选择"动画预设"命令

图16-37 单击"默认预设"

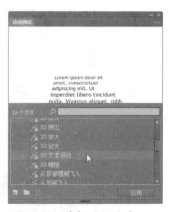

图16-38 选择"3D文本滚动"选项

11 选择以后即可添加3D文本滚动效果,如图16-39所示。

12 保存文档,按Ctrl+Enter组合键测试动画效果,如图16-40所示。

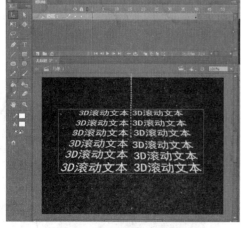

图16-39 添加3D文本滚动效果

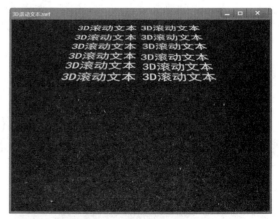

图16-40 测试动画效果

16.3 3D旋转菜单效果

在这个3D旋转菜单教程中，将学习如何用ActionScript代码创建一个垂直的3D立体菜单效果。

实例效果

本例制作一个3D立体菜单效果，主要效果是菜单1到菜单19不停的滚动效果，当鼠标单击到导航菜单上，该菜单即可清晰显示，如图16-41所示。

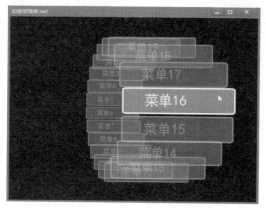

图16-41 3D立体菜单效果

实例分析

本例的制作过程主要包括以下操作环节。

（1）绘制圆角矩形。 （2）创建影片剪辑元件。

（3）"文本"工具的使用。 （4）ActionScript代码。

操作步骤

3D旋转菜单效果具体操作步骤如下。

01 执行"文件"|"新建"命令，弹出"新建文档"对话框，设置文档大小和背景颜色，如图16-42所示。

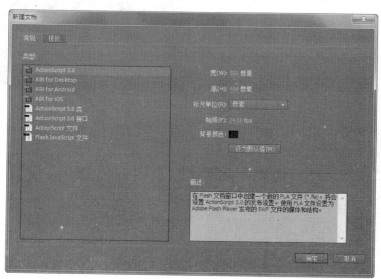

图16-42 "新建文档"对话框

02 单击"确定"按钮，新建空白文档，如图16-43所示。

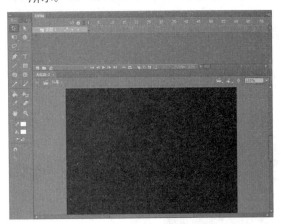

图16-43　新建文档

03 选择"矩形"工具，将笔触颜色设为白色，笔触大小设为2，填充颜色设为蓝色，"矩形选项"设为5，如图16-44所示。

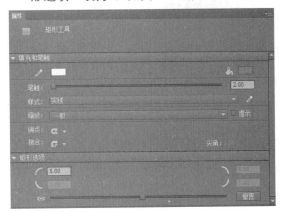

图16-44　设置矩形工具

04 在舞台中按住鼠标右键绘制圆角矩形，如图16-45所示。

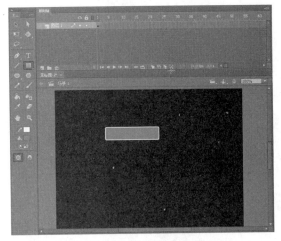

图16-45　绘制圆角矩形

05 选择绘制的矩形，按F8键弹出"转换为元件"对话框，将"类型"设置为"影片剪辑"，单击"高级"，将"类"名字设置为MenuItem，如图16-46所示。

图16-46　"转换为元件"对话框

06 单击"确定"按钮，将其转换为元件，双击元件，进入元件编辑模式，如图16-47所示。

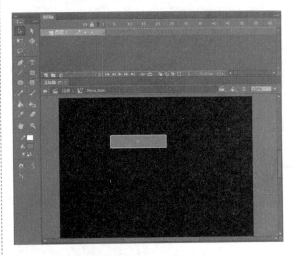

图16-47　元件编辑模式

07 选择工具箱中的"文本"工具，在矩形上面输入动态文字"菜单"，将实例名称设置为menuItemText，如图16-48所示。

08 单击"属性"面板中的"嵌入"按钮，弹出"字体嵌入"对话框，单击勾选字体范围，如图16-49所示。

09 设置完成以后单击"确定"按钮。单击"场景1"按钮返回到主场景，如图16-50所示。

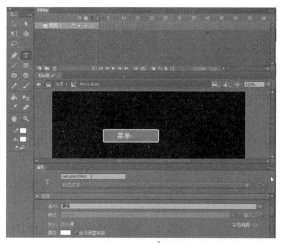

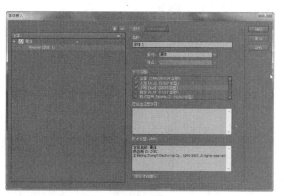

图16-48　输入文本　　　　　　　　　　图16-49　"字体嵌入"对话框

10 删除Menu Item元件，打开"动作"面板，在第1帧输入代码，用于显示滚动菜单效果，如图16-51所示。至此滚动菜单制作完成。

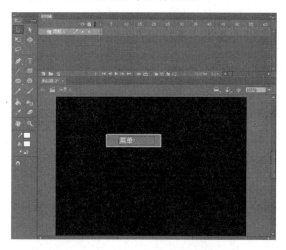

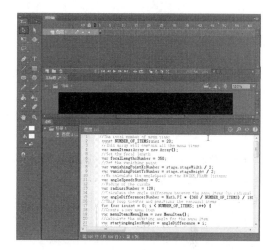

图16-50　返回到主场景　　　　　　　　　图16-51　输入代码

16.4　制作简单的转盘

转盘也有一种说法叫抽奖转盘，大体上是一块圆形的面板上有很多的设置。本例是一款用Flash为主要制作工具设计制作而成的程序，其界面多风格化。由于制作工具为Flash，所以转盘就避免了软件安装的需要，也无须安装其他插件。

实例效果

本例制作一个制作简单的转盘效果，如图16-52所示。

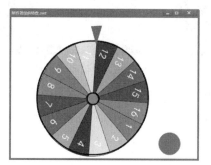

图16-52　制作简单的转盘效果

实例分析

　　本实例讲述将360度分为16等分，利用补间动画创建转盘运动效果，然后单击右边的红色按钮，指针开始旋转，并随机停在某一个数字上。

操作步骤

　　简单的转盘具体操作步骤如下。

01 执行"文件"|"新建"命令，弹出"新建文档"对话框，设置文档大小和背景颜色，如图16-53所示。

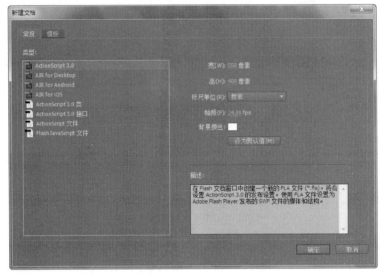

图16-53　"新建文档"对话框

02 单击"确定"按钮，新建空白文档，如图16-54所示。

03 执行"插入"|"新建元件"命令，弹出"创建新建元件"对话框，"类型"选择"影片剪辑"，单击"高级"，勾选"为Actionscript导出"选项，在"类"中输入wheel，如图16-55所示。

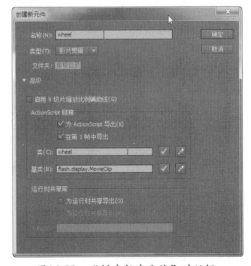

图16-54　新建文档　　　　　　　　图16-55　"创建新建元件"对话框

04 单击"确定"按钮，进入元件编辑模式，如图16-56所示。

05 选择工具箱中的"椭圆"工具，将笔触颜色设置为黑色，在舞台中绘制椭圆，如图16-57所示。

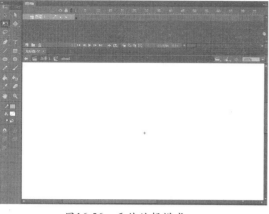

图16-56　元件编辑模式

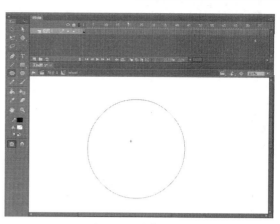

图16-57　绘制椭圆

06 选择工具箱中的"线条"工具，在椭圆中间绘制一直线，如图16-58所示。

07 选中绘制的直线右击鼠标，在弹出的列表中选择"复制帧"选项，复制帧，如图16-59所示。

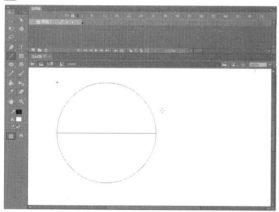

图16-58　绘制直线

图16-59　复制帧

08 执行"编辑"|"粘贴到当前位置"命令，粘贴帧，如图16-60所示。

09 执行"窗口"|"变形"命令，打开"变形"面板，勾选"旋转"，将旋转角度设置为22.5，如图16-61所示。

图16-60　粘贴帧

图16-61　"变形"面板

10 选择以后即可调整线条的角度，如图16-62所示。

11 同步骤7~10复制另一线条，调整线条的角度，如图16-63所示。

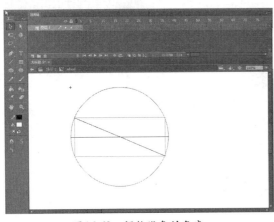

图16-62　调整线条的角度

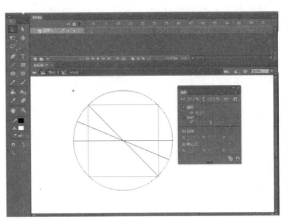

图16-63　复制线条

12 然后在复制另外几个直线，并调整线条的角度，将椭圆16等分，如图16-64所示。

13 按Ctrl+A快捷键全选所有线条，如图16-65所示。

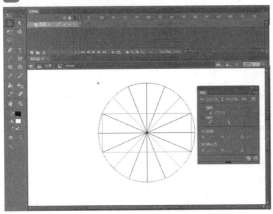

图16-64　将椭圆16等分

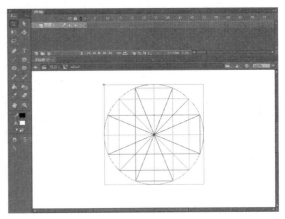

图16-65　缩小图像

14 按Ctrl+B快捷键分离图像，如图16-66所示。

15 选择"颜料桶"工具，单击填充颜色，在弹出颜色表中选择填充颜色，如图16-67所示。

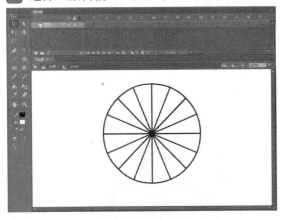

图16-66　分离图像

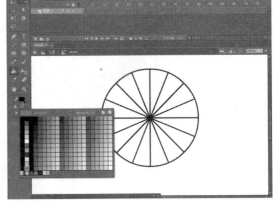

图16-67　选择填充颜色

16 在舞台中单击填充区域，如图16-68所示。

17 填充其余的区域，如图16-69所示。

18 选择工具箱中的"椭圆"工具，在舞台中间绘制椭圆，如图16-70所示。

19 新建图层2，选择"文本"工具，输入1，如图16-71所示。

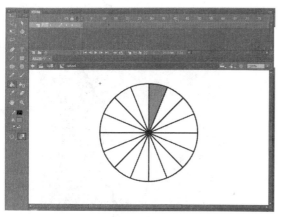

图16-68　填充区域

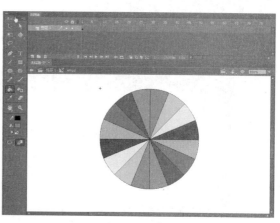

图16-69　填充区域

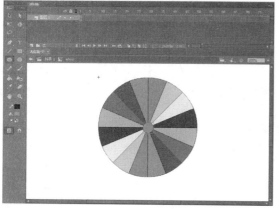

图16-70　绘制椭圆

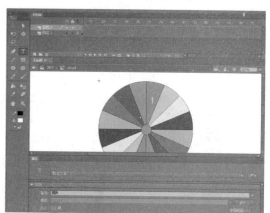

图16-71　输入文字1

20 同步骤19在其余的颜色框中输入数字2-16，如图16-72所示。

21 执行"插入"|"新建元件"命令，弹出"创建新建元件"对话框，将"名称"设置为spin_again，"类型"选择"影片剪辑"，如图16-73所示。

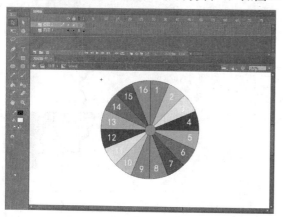

图16-72　输入数字

图16-73　"创建新建元件"对话框

22 单击"确定"按钮，进入元件编辑中心。选择工具箱中的"椭圆"工具，将填充颜色设置为红色，在舞台中按住鼠标左键绘制椭圆，如图16-74所示。

23 执行"插入"|"新建元件"命令，弹出"创建新元件"对话框，"类型"设置为"影片剪辑"，单击"高级"选项，将"类"设置为ticker，如图16-75所示。

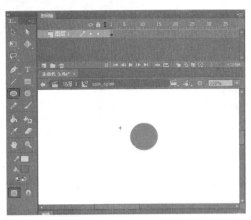

图16-74 绘制椭圆

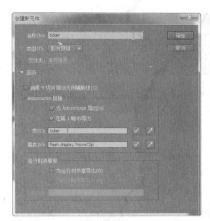

图16-75 "创建新元件"对话框

24 单击"确定"按钮，进入元件编辑模式。选择工具箱中的"椭圆"工具，单击"属性"面板中的"选项"按钮，如图16-76所示。

25 弹出"工具设置"对话框，在该对话框中将"样式"设置为"多边形"，"边数"设置为3，如图16-77所示。

图16-76 单击"选项"按钮

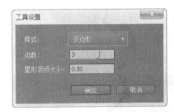

图16-77 "工具设置"对话框

26 单击"确定"按钮，设置好工具。在舞台中绘制三角形，如图16-78所示。

27 选择工具箱中的"任意变形"工具，将图像翻转并调整三角形的宽度，如图16-79所示。

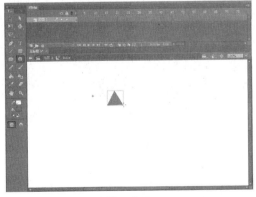

图16-78 绘制三角形

图16-79 调整宽度

28 单击"场景1"按钮，返回到主场景，将"库"面板中制作的wheel元件拖入到舞台中，如图16-80所示。

29 在第30帧按F6键插入关键帧，如图16-81所示。

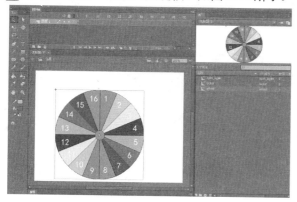

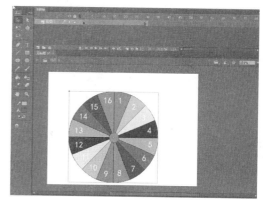

图16-80 拖入元件 图16-81 转化为图形元件

30 执行"窗口"|"变形"命令，弹出"变形"面板，将旋转设置为22.5，如图16-82所示。

31 选择以后将元件旋转22.5°，如图16-83所示。

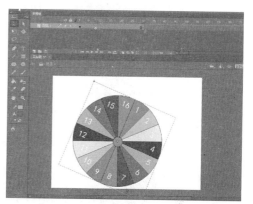

图16-82 "变形"面板 图16-83 旋转元件

32 在第1~30帧之间右击鼠标，在弹出的列表中选择"创建传统补间"，如图16-84所示。

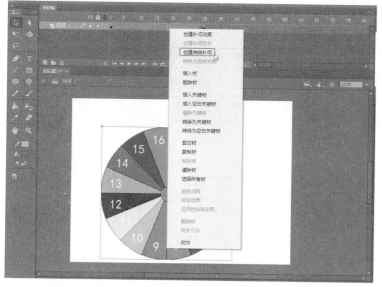

图16-84 选择"创建传统补间"选项

33 选择以后创建补间动画，如图16-85所示。

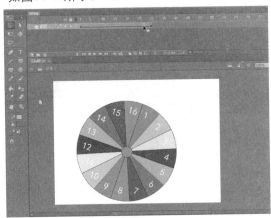

图16-85　创建补间动画

34 选择第31帧按F6键插入关键帧，在"属性"面板中将帧名称设置为prize1，如图16-86所示。

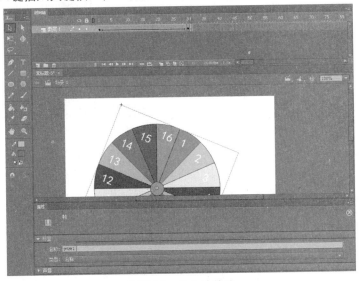

图16-86　插入关键帧

35 在第60帧按F6键插入关键帧，在"变形"面板中旋转角度45°，如图16-87所示。

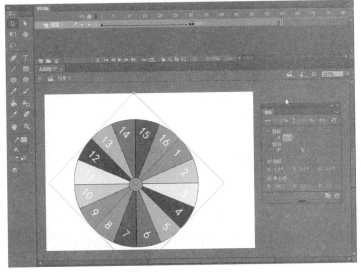

图16-87　插入关键帧

36 在31～60帧之间右击鼠标，在弹出的列表中选择创建"传统补间动画"，如图16-88所示。

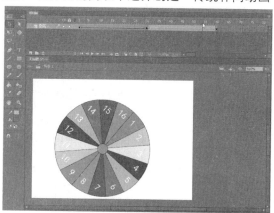

图16-88　创建补间动画

37 在第61帧插入关键帧，在"属性"面板将帧标签设置为prize2，如图16-89所示。

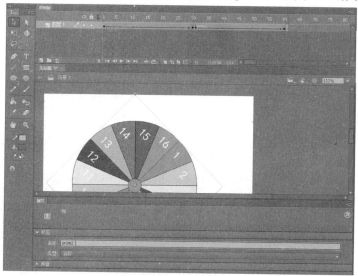

图16-89　插入关键帧

38 在其余的帧插入关键帧，并设置补间动画，如图16-90所示。

39 新建图层2，选择工具箱中的"椭圆"工具，将笔触颜色设置为黑色，在舞台中绘制椭圆线条框，如图16-91所示。

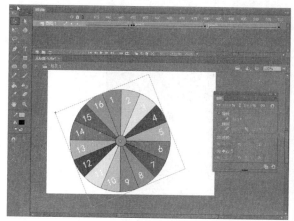

图16-90　设置补间动画

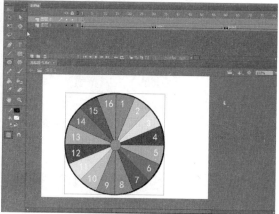

图16-91　绘制椭圆线条框

40 在中间绘制另外小椭圆线条框，如图16-92所示。

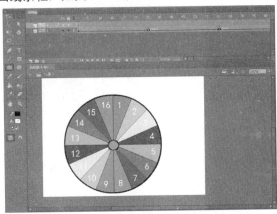

图16-92 椭圆线条框

41 单击新建"图层"按钮，新建图层3，将"库"面板中的ticker元件拖入到舞台中，如图16-93所示。

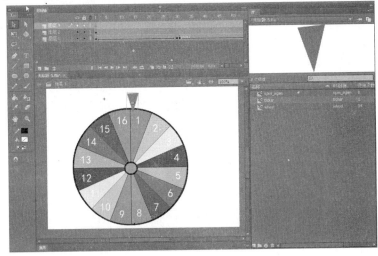

图16-93 拖入元件ticker

42 单击新建"图层"按钮，新建图层3，将"库"面板中的spin_again元件拖入到舞台中，如图16-94所示。

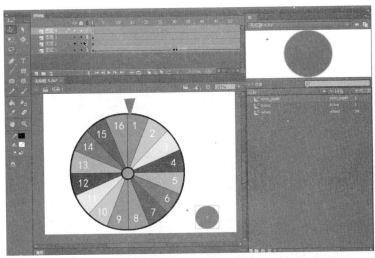

图16-94 拖入元件spin-again

43 选择拖入的元件，在"属性"面板中将"实例名称"设置为spinAgain_mc，如图16-95所示。

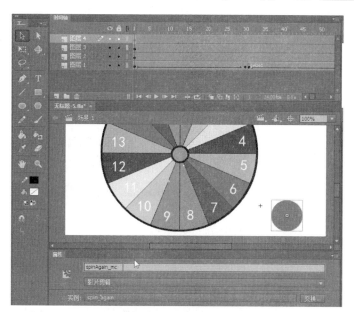

图16-95　设置实例名称

44 单击"新建图层"按钮，新建图层5，打开"动作"面板，输入相应的代码，用于设置动画开始时，转盘就开始转动，如图16-96所示。

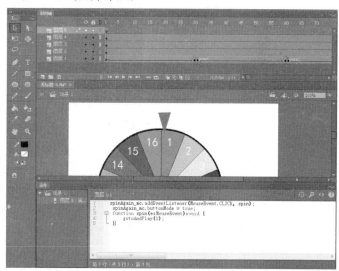

图16-96　输入代码

45 选择第30帧，在"动作"面板中输入相应的代码，用于当鼠标单击按钮时，转盘就继续转动，如图16-97所示。

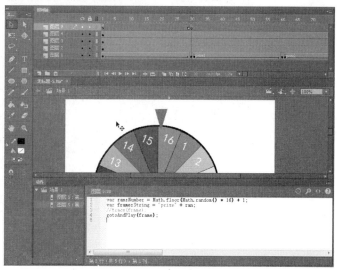

图16-97　输入代码

46 在第60帧插入关键帧，在"动作"面板中输入代码stop();，如图16-98所示。

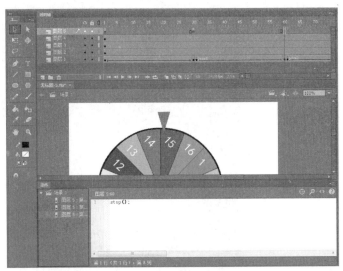

图16-98 输入代码

47 在第60帧以后每隔30帧插入关键帧，在"动作"面板中输入代码stop();，如图16-99所示。

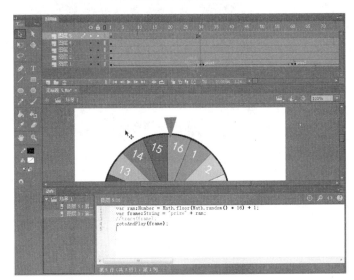

图16-99 输入代码stop();

48 保存文件，按Ctrl+Enter组合键，测试动画效果，如图16-100所示。

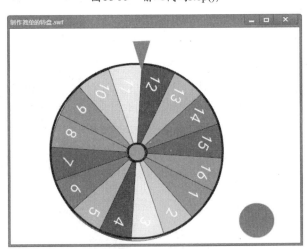

图16-100 预览动画效果

16.5　本课小结

现在Flash网站制作中，往往不仅仅只局限于平面上的视觉感观，追求3D，追求4D的技术越来越有刚需。Flash在3D应用领域非常广阔，使用Flash可以很轻松地做出一些精彩奇妙的3D特效。

许多网站经常将Flash游戏作为招揽人气的一种手段，而Flash游戏在制作方面的表现也确实不负所望。一款好的Flash游戏，不仅能体现制作者的良好Flash功底，而且可以吸引更多的浏览者。

第17课
制作网站广告

本课导读

　　人们现在的生活被网络覆盖着，Flash广告以一种新兴的广告形式冲击着我们的视觉神经，如今静态简单的广告形式早已满足不了广大消费者和商家的需求。随着这种市场需求的逐渐增长，Flash广告人才也就逐渐增多，相应的经验与操作技能越来越丰富，逐渐形成了Flash广告市场。

技术要点
- ★　制作网站导航
- ★　制作网站banner
- ★　美肤广告
- ★　网站首页广告
- ★　网站宣传广告

17.1 制作网站导航

网站的导航规划首先要做到"提纲挈领、点题明义",用最简练的语言提炼出网站中每个部分的内容,清晰地告诉浏览者网站有哪些信息和功能。网站导航还应该为浏览者提供清晰直观的指引,帮助浏览者方便地到达网站的所有页面。

实例效果

网站的导航是网站内容架构的体现,网站导航是否合理是网站易用性评价的重要指标之一。下面使用Flash制作简单的网站导航,实例效果如图17-1所示。

图17-1 网站导航

实例分析

导航设计在整个网站的设计中的地位举足轻重。导航有许多方式,常见的有导航图、按钮、图符、关键字、标签、序号等多种形式。在设计中要注意以下基本要求。

★ 明确性:无论采用哪种导航策略,导航的设计应该明确,让使用者能一目了然。

★ 可理解性:导航对于用户应是易于理解的。在表达形式上,要使用清楚简捷的按钮、图像或文本,要避免使用无效字句。

★ 完整性:完整性是要求网站所提供的导航具体、完整,可以让用户获得整个网站范围内的领域性导航,能涉及网站中全部的信息及其关系。

★ 咨询性:导航应提供用户咨询信息,它如同一个问询处、咨询部,当用户有需要的时候,能够为使用者提供导航。

★ 易用性:导航系统应该容易进入,同时也要容易退出当前页面,或让使用者以简单的方式跳转到想要去的页面。

★ 动态性:导航信息可以说是一种引导,动态的引导能更好地解决用户的具体问题。及时、动态地解决使用者的问题,是一个好导航必须具备的特点。

考虑到以上这些导航设计的要求,才能保证导航策略的有效,发挥出导航策略应有的作用。

本例主要利用创建和应用元件、"线条"工具和"矩形"工具、按钮元件和"文本"工具的使用。

操作步骤

下面制作网站导航,具体操作步骤如下。

01 执行"文件"|"新建"命令,弹出"新建文档"对话框,设置文档大小,如图17-2所示。

02 单击"确定"按钮,新建空白文档,如图17-3所示。

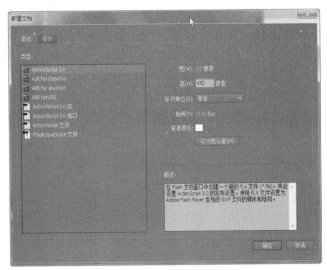

图17-2 "新建文档"对话框

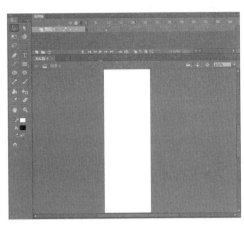

图17-3 新建文档

03 执行"插入"|"新建元件"命令，弹出"创建新元件"对话框，"类型"设置为"图形"选项，如图17-4所示。

04 单击"确定"按钮，进入元件编辑模式，选择工具箱中的"矩形"工具，在舞台中绘制矩形，如图17-5所示。

图17-4 "创建新元件"对话框

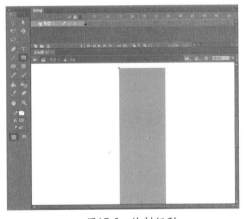

图17-5 绘制矩形

05 单击"新建图层"按钮，新建图层2，如图17-6所示。

06 选择工具箱中的"线条"工具，在舞台中绘制直线，如图17-7所示。

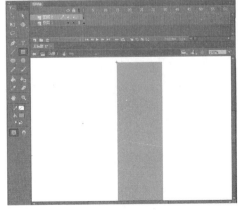

图17-6 新建图层2

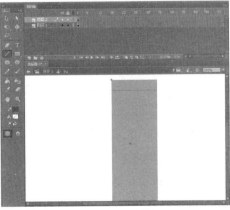

图17-7 绘制直线

07 重复步骤5-6，在图层2的上面新建7个图层，并绘制直线，如图17-8所示。

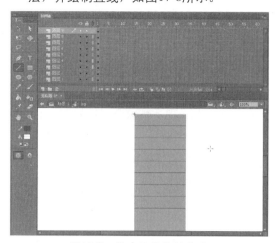

图17-8 新建图层绘制直线

08 执行"插入"|"新建元件"命令，弹出"创建新元件"对话框，"类型"设置为"按钮"选项，如图17-9所示。

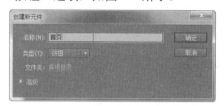

图17-9 "创建新元件"对话框

09 单击"确定"按钮，进入元件编辑模式，如图17-10所示。

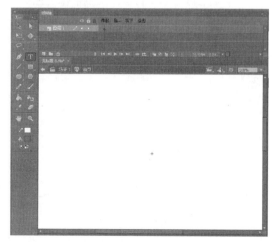

图17-10 元件编辑模式

10 选择工具箱中的"矩形"工具，在舞台中绘制绿色矩形，如图17-11所示。

11 选择工具箱中的"文本"工具，在矩形上面输入文本"首页"，如图17-12所示。

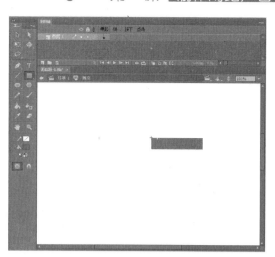

图17-11 绘制矩形

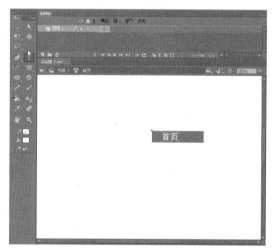

图17-12 输入文字

12 单击"指针经过"帧按F6键插入关键帧，选中矩形，设置填充颜色，如图17-13所示。

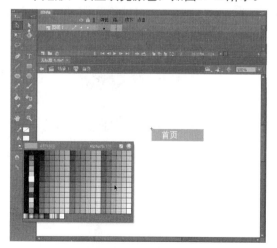

图17-13 设置填充颜色

13 删除文本"首页"，输入大写英文字符HOME，字体颜色设为黑色，如图17-14所示。

273

图17-14　输入英文字符

14 选择"按下"帧，按F6插入关键帧，设置矩形的颜色并输入"首页"，如图17-15所示。

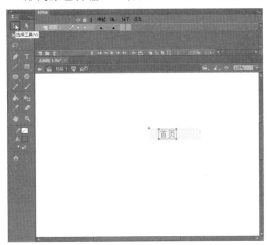

图17-15　设置矩形颜色输入文字

15 在"库"面板中选择"首页"元件，右击鼠标，在弹出的列表中选择"直接复制"，如图17-16所示。

图17-16　选择"直接复制"选项

16 选择以后弹出"直接复制元件"对话框，将"名称"设置为"公司简介"，"类型"设置为"按钮"，单击"确定"按钮，如图17-17所示。

图17-17　"直接复制元件"对话框

17 进入元件"公司简介"元件编辑模式，选择"弹起"帧，删除"首页"，输入文字"公司简介"，如图17-18所示。

图17-18　输入文字

18 选择"指针经过"帧，将原来的字母删除，输入新的字母ABOUT，如图17-19所示。

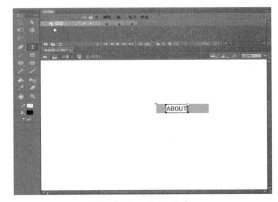

图17-19　输入文字

19 选择"按下"帧，改变矩形的颜色并输入文字，如图17-20所示。

20 重复步骤17~19，制作其余的导航文本，如图17-21所示。

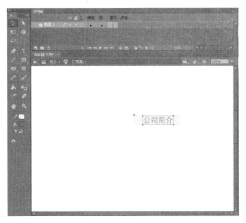

图17-20　输入文字

图17-21　制作其余导航

21 单击"场景1"按钮，返回到主场景，将"库"面板中的bg图形元件拖入到舞台中，如图17-22所示。

22 将"库"面板中的导航按钮元件拖入到舞台中合适的位置，如图17-23所示。

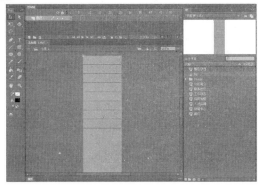

图17-22　拖入元件

图17-23　拖入元件

17.2 制作网站Banner

Banner作为网上宣传的重要形式，不仅为许多大型网站所采用，而且也越来越受到许多企业网站的青睐。在网站上放置一个创意独特、制作精美的Banner，能给访问者留下深刻难忘的印象。

实例效果

本例讲述如何制作设计网站的Banner效果，底部有不停闪动的白光效果，文本从两边向中间移动，如图17-24所示。

图17-24　网站banner

实例分析

　　一款引人入胜的Banner，其制作需要设计者拥有扎实的图形编辑和处理能力。对于初级读者来说，这无疑是一件很伤脑筋的事。不过现在好了，看完本例后，读者会觉得制作精美的Banner将不再是高手们的专利，每个人同样能做出专业级的超酷Banner来。

　　本实例讲述Flash制作网站banner效果，利用补间动画创建文本效果，然后在制作不停闪动的线条效果。

操作步骤

　　制作Banner的具体操作步骤如下。

01 执行"文件"|"新建"命令，弹出"新建文档"对话框，设置文档大小，如图17-25所示。

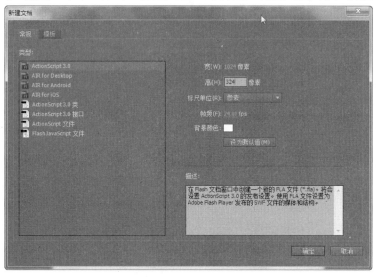

图17-25 "新建文档"对话框

02 单击"确定"按钮，新建空白文档，如图17-26所示。

03 执行"文件"|"导入"|"导入到舞台"命令，弹出"导入"对话框，选择需要导入的图像，如图17-27所示。

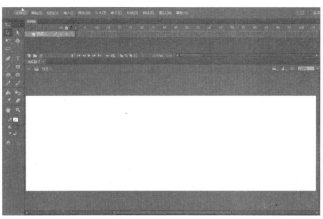

图17-26 新建文档

图17-27 "导入"对话框

04 单击"打开"按钮，导入图像文件，如图17-28所示。

05 执行"插入"|"新建元件"命令，弹出"创建新元件"对话框，"类型"设置为"影片剪辑"，如图17-29所示。

图17-28 导入图像文件

图17-29 "创建新元件"对话框

06 单击"确定"按钮，进入影片剪辑编辑，如图17-30所示。

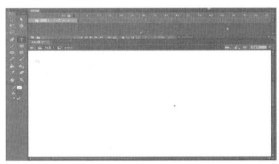

图17-30 进入影片剪辑编辑

07 选择工具箱中的"文本"工具，在舞台中输入文字，在"属性"面板中设置其参数，如图17-31所示。

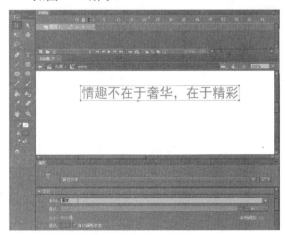

图17-31 输入文本

08 在"属性"面板中的单击"添加滤镜"按钮，在弹出的列表中选择"投影"选项，如图17-32所示。

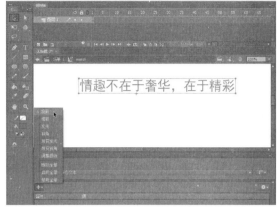

图17-32 选择"投影"选项

09 选择"投影"后设置投影效果，如图17-33所示。

图17-33 设置投影效果

10 选择第30帧按F6键插入关键帧，将文本向左移动，如图17-34所示。

图17-34 插入关键帧

11 选择1-30帧右击鼠标，在弹出的列表中选择
"创建传统补间"选项，如图17-35所示。

图17-35　选择"创建传统补间"选项

12 选择以后创建补间动画，在第60帧按F6键插
入帧，如图17-36所示。

图17-36　创建补间动画

13 打开"库"面板，选中元件wenzi右击鼠
标，在弹出的列表中选择"直接复制"选
项，如图17-37所示。

图17-37　选择"直接复制"选项

14 选择以后弹出"直接复制元件"对话框，设
置名称和类型，如图17-38所示。

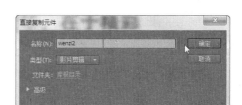

图17-38　"直接复制元件"对话框

15 单击"确定"按钮，复制元件，双击进入元
件中心，单击第一帧删除原来的文本，输
入新的文本，将文字向右移动，如图17-39
所示。

图17-39　输入文本

16 单击选中第30帧，输入新的文本，将文字向
左移动，如图17-40所示。

图17-40　输入文本

17 执行"插入"|"新建元件"命令，"类
型"设置为影片剪辑，单击"确定"按
钮，新建一名为"xian"影片剪辑，如
图17-41所示。

18 选中工具箱中的"铅笔"工具，在工具
箱中单击笔触颜色右边的按钮，在弹出
的列表中颜色，将Alpha设置为30%，如
图17-42所示。

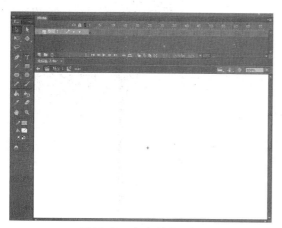

图17-41 新建影片剪辑

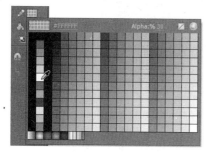

图17-42 设置笔触属性

19 执行"修改"|"文档"命令，弹出"文档设置"对话框，将背景颜色设置为黑色，如图17-43所示。

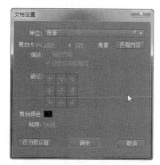

图17-43 设置文档

20 在舞台中按住鼠标左键绘制曲线，如图17-44所示。

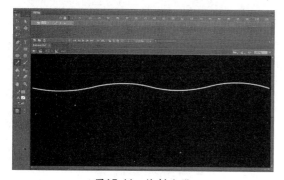

图17-44 绘制曲线

21 选择第20帧按F6键插入关键帧，调整线条的形状，如图17-45所示。

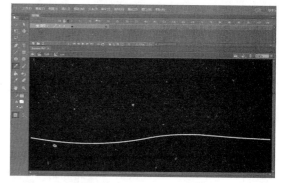

图17-45 调整线条的形状

22 选择第40帧按F6键插入关键帧，调整线条的形状，如图17-46所示。

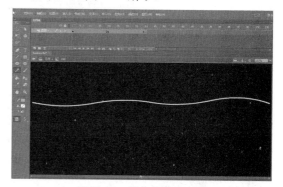

图17-46 调整线条的形状

23 选择1-20帧，右击鼠标，在弹出的列表中选择"创建形状补间"选项，如图17-47所示。

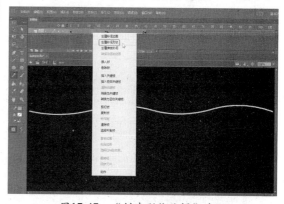

图17-47 "创建形状补间"选项

24 选择以后创建补间动画，在第20~40帧之间创建补间动画，如图17-48所示。

25 单击"场景1"按钮，返回到主场景，将制作好的wenzi和wenzi2影片剪辑元件拖入到舞台中，如图17-49所示。

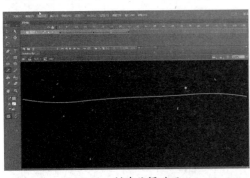

图17-48 创建补间动画

图17-49 拖入元件

26 单击"新建图层"按钮,新建图层2,将制作好的"xian"影片剪辑拖入到舞台中,如图17-50所示。

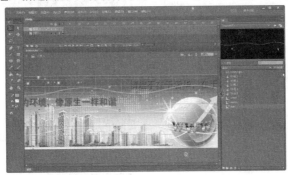

图17-50 拖入元件

17.3 美肤广告

网络广告对于网上营销的作用已经越来越引起各公司的重视,而一个好的广告设计往往能使宣传效果大增,并让广告投资获得丰厚的回报。

实例效果

本例设计精美的美肤广告,效果为水珠泡泡不停出现,如图17-51所示。

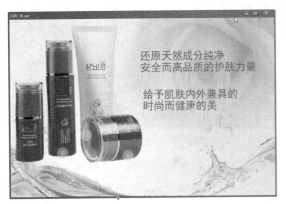

图17-51 美肤广告

实例分析

1. 构思画面

一个好的网上广告应在其放置的网页上十分醒目、出众,使用户在随意浏览的几秒钟之内就能感觉到它的存在。为此,应充分发挥动画技术的特长,使广告具有强烈的视觉冲击力。这里是护肤广告,广告的颜色可考虑多用粉红、紫色等艳丽色,强调动画效果。从视觉原理上讲,动画比静态图像更能引人注目,有统计表明其吸引力会提高三倍。当然也要注意广告与网页内容与风格相溶合,但一定要避免用户误将广告当成装饰画。

2. 构思广告语

★ 标题展露最吸引人之处,力争开头抓住人家的注意力。

★ 正文句子要简短、直截了当，尽量用短语，避免完整长句。

★ 语句要口语化，不绕弯子。

★ 可以适当运用感叹号，增强语气效果。

★ 如果要引导用户从广告访问企业网站，应使用"请点击"或"Click"等文字。

3. 内容更换，常新常看

网友的注意力资源有限，应该尽力争取"回头客"，最基本的招数，就是经常更换内容。内容常新的广告，可以使经常访问网页的用户感觉到广告的存在，因为任何好的广告，如果用户看多了也会视若乌有。

本实例通过基本图形的运动补间的使用。制作时主要使用了图形元件、影片剪辑元件、文本工具、椭圆工具。

操作步骤

制作美肤广告具体操作步骤如下。

01 新建文档，设置文档大小和颜色，如图17-52所示。

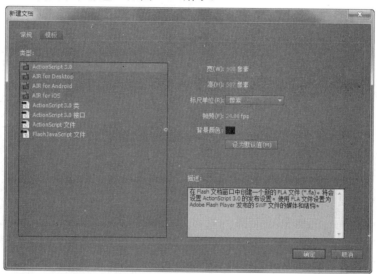

图17-52 "新建文档"对话框

02 单击"确定"按钮，新建空白文档，如图17-53所示。

03 执行"文件"|"导入"|"导入到库"命令，弹出"导入到库"对话框，选择需要导入的图像，如图17-54所示。

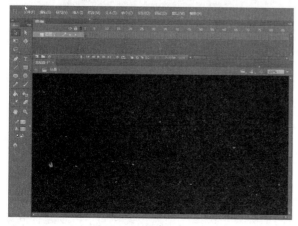

图17-53 新建文档

图17-54 "导入到库"对话框

04 单击"打开"按钮，导入到"库"面板中，如图17-55所示。

05 选择hzp.jpg图像，将其拖入到舞台中，如图17-56所示。

图17-55　导入图像文件

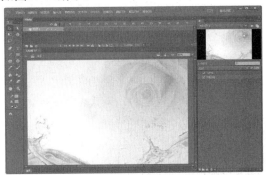

图17-56　"创建新元件"对话框

06 执行"插入"|"新建元件"命令，弹出"创建新元件"对话框，"类型"设置为"影片剪辑"，如图17-57所示。

07 单击"确定"按钮，进入影片剪辑编辑元件，将"库"中的1.png图像拖入到舞台中，如图17-58所示。

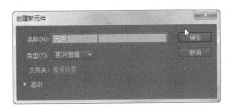

图17-57　"创建新元件"对话框

图17-58　进入元件编辑

08 选择拖入的图像，按F8键弹出"转换为元件"对话框，"类型"设置为"图形"，单击"确定"按钮，如图17-59所示。

09 进入影片剪辑编辑元件，在第30帧按F6键插入关键帧，如图17-60所示。

图17-59　"转换为元件"对话框

图17-60　插入关键帧

10 选中第1帧，在"属性"面板中将色彩效果Alpha设置为40%，如图17-61所示。

11 选择1-30之间的任意一帧，右击鼠标，在弹出的列表中选择"创建传统补间"，创建补间动画，如图17-62所示。

图17-61　设置Alpha透明度

图17-62　创建补间动画

12 执行"插入"|"新建元件"命令，新建一名为"wenzi"影片剪辑元件，如图17-63所示。

13 选择工具箱中的"文字"工具，在舞台中输入文字，如图17-64所示。

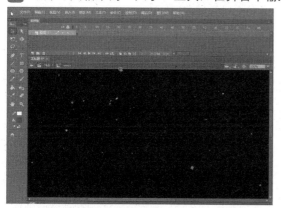

图17-63　新建影片剪辑

图17-64　输入文字

14 选择第30帧按F6键插入关键帧，将文本向下移动一定距离，如图17-65所示。

15 在第1~30帧之间右击鼠标，创建补间动画，如图17-66所示。

图17-65　移动文本

图17-66　创建补间动画

16 单击"新建图层"按钮，新建图层2，在舞台下方输入相应的文本，如图17-67所示。

17 选择第30帧按F6键插入关键帧，将文本向上移动一定距离，如图17-68所示。

图17-67 输入文本   图17-68 输入文本

18 在第1～30帧之间右击鼠标，创建补间动画，如图17-69所示。

19 单击"新建图层"按钮，新建图层3，在第30帧按F6键插入关键帧，如图17-70所示。

图17-69 创建补间动画   图17-70 插入关键帧

20 执行"窗口"|"动作"命令，打开"动作面板，输入代码stop ();，如图17-71所示。

21 执行"插入"|"新建元件"命令，新建pao图形元件，如图17-72所示。

 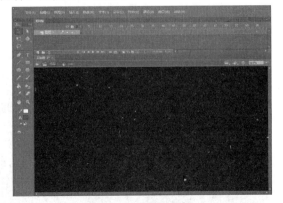

图17-71 输入代码   图17-72 图形元件

22 选择工具箱中的"椭圆"工具，在舞台中绘制椭圆，如图17-73所示。

23 执行"窗口"|"颜色"命令，设置径向渐变的颜色，如图17-74所示。

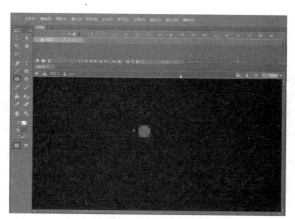

图17-73　绘制椭圆

图17-74　设置径向渐变的颜色

24 设置以后即可设置椭圆的颜色，如图17-75所示。

25 新建一名为"paopao"影片剪辑元件，将制作好的"paopao"图像元件拖入到舞台中，如图17-76所示。

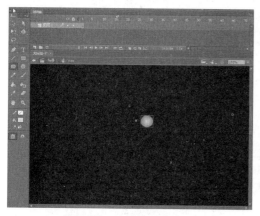

图17-75　设置椭圆颜色

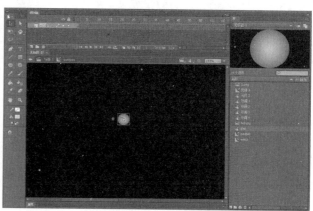

图17-76　拖入元件

26 在第20帧和第40帧按F6键插入关键帧，如图17-77所示。

27 选中第1帧，在"属性"面板中将色彩效果的Alpha设置为0，如图17-78所示。

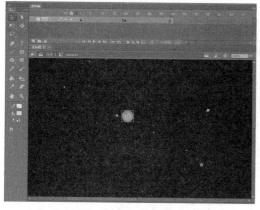

图17-77　插入关键帧

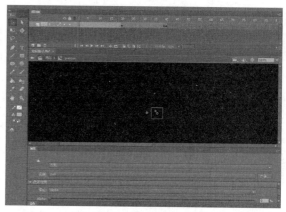

图17-78　设置透明度

28 在第20帧将椭圆向上移动一定的距离，如图17-79所示。

29 选择第40帧，将图像向左移动一定的距离，如图17-80所示。

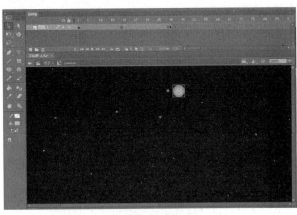

图17-79 移动图像

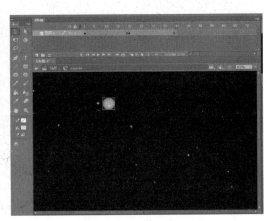

图17-80 向左移动图像

30 在1～20,20～40帧之间创建传统补间动画,如图17-81所示。

31 单击"场景1"按钮,返回到主场景,如图17-82所示。

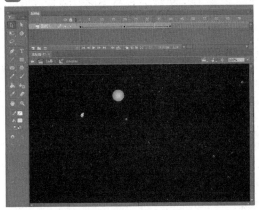

图17-81 创建传统补间动画

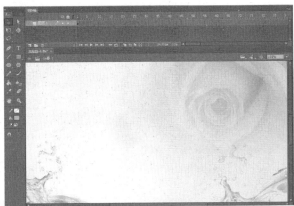

图17-82 返回到场景

32 将制作好的"wenzi"影片剪辑元件拖入到舞台中,如图17-83所示。

33 单击"新建图层"按钮,新建图层2,将制作好的元件1影片剪辑元件拖入到舞台中,如图17-84所示。

图17-83 拖入元件

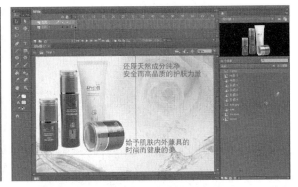

图17-84 拖入元件

34 单击"新建图层"按钮,新建图层3,将制作好的"paopao"影片剪辑拖入到舞台中,如图17-85所示。

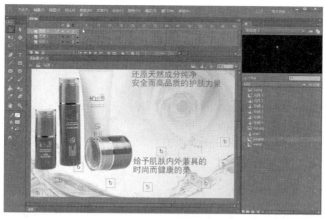

图17-85　拖入元件

17.4 网站首页广告

如果网站是一个企业站点，而且不同的网络广告所链接的都是企业的广告内容，那么一定要保持这些链接内容在风格上的一致性。因为统一的网页形式能体现统一的企业风格，这样更能加强广告传播的统一性和广告效应。

实例效果

本实例讲述网站首页广告的制作，背景图像从中间向上下展开，汽车从左向右开进，并且文本介绍文字会不停的出现，效果如图17-86所示。

图17-86　网站首页广告

实例分析

首页广告的设计技巧包含以下几个方面。

（1）企业与品牌形象的传达

将企业标志或商标置于网页最显眼的位置，因为广告传播的目的就是最终树立企业或品牌在浏览者心目中的形象，从而获得浏览者的价值认同。

（2）广告设计要生动形象

如果广告设计得不引人注目，就很难提高点击率。所以广告的设计一定要生动形象，如在设计链接按钮时多使用生动形象的图形按钮。

（3）图片的使用和处理

在广告设计中，引用图片的时候尽量要控制图片的数量和大小，以免影响浏览速度。

广告设计主要利用创建和应用元件、"任意变形"工具、补间动画和"文本"工具的使用。

操作步骤

设计首页广告具体操作步骤如下。

01 执行"文件"|"新建"命令，弹出"新建文档"对话框，设置文档大小和颜色，如图17-87所示。

02 单击"确定"按钮，新建空白文档，如图17-88所示。

03 执行"文件"|"导入"|"导入到舞台"命令，弹出"导入"对话框，选择需要导入的图像，如图17-89所示。

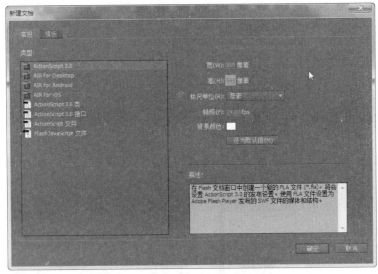

图17-87　"新建文档"对话框

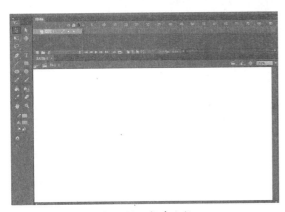

图17-88　新建文档

图17-90　导入图像文件

图17-89　"导入"对话框

04 单击"打开"按钮，导入图像文件，如图17-90所示。

05 执行"插入"|"新建元件"命令，弹出"创建新元件"对话框，"类型"设置为"影片剪辑"，如图17-91所示。

图17-91　"创建新元件"对话框

06 单击"确定"按钮，进入影片剪辑编辑元件。在舞台中绘制一矩形，如图17-92所示。

07 选中绘制的矩形，按F8键弹出"转换为元件"对话框，"类型"设置为"图形"，如图17-93所示。

08 选择以后将其转化为图形元件，在第40帧按F8键插入关键帧，如图17-94所示。

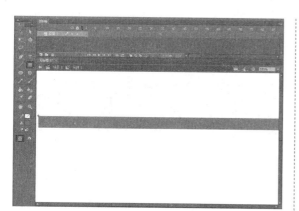

图17-92　绘制矩形

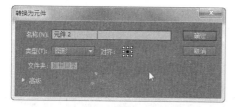

图17-93　"转换为元件"对话框

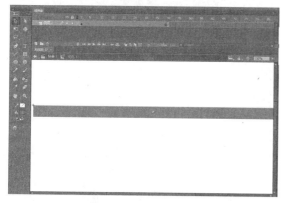

图17-94　插入关键帧

09 选择第40帧，在"属性"面板中将"高"设置为560，如图17-95所示。

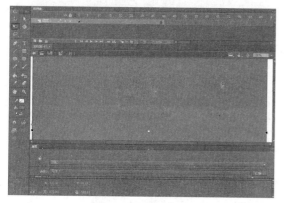

图17-95　设置高度

10 在第1～40帧之间，右击鼠标，在弹出的列表中选择"创建传统补间"选项，创建补间动画，如图17-96所示。

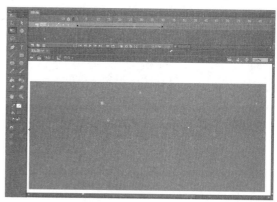

图17-96　创建补间动画

11 单击"新建图层"按钮，新建图层2，在第40帧按F6键插入关键帧，如图17-97所示。

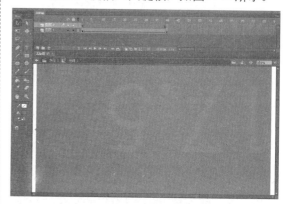

图17-97　新建图层

12 在"动作"面板中输入代码stop ();，如图17-98所示。

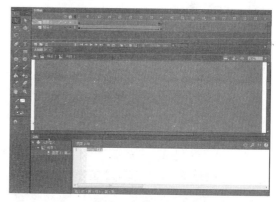

图17-98　输入代码

13 新建一名为"wenzi"影片剪辑元件，如图17-99所示。

14 选择工具箱中的"文字"工具，在舞台中输入文字，如图17-100所示。

15 在第40帧按F6键插入关键帧，将文本向下移动，如图17-101所示。

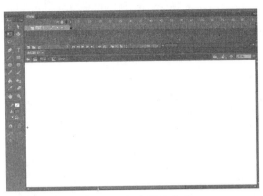

图17-99　新建影片剪辑

图17-100　输入文本

图17-101　移动文本

16 在舞台中输入文字，在第1～40帧之间右击鼠标，在弹出的列表中选择"创建传统补间"选项，创建补间动画，图17-102所示。

图17-102　创建补间动画

17 新建一名为"wenzi2"影片剪辑元件，选择工具箱中的"文字"工具，在舞台中输入文字，如图17-103所示。

图17-103　输入文本

18 在第40帧按F6键插入关键帧，如图17-104所示。

图17-104　插入关键帧

19 在第1～40帧之间右击鼠标，创建补间动画，如图17-105所示。

图17-105　创建补间动画

20 新建一名为"che"影片剪辑元件，如图17-106所示。

21 执行"插入"|"导入"|"导入到舞台"命令，导入图像文件，如图17-107所示。

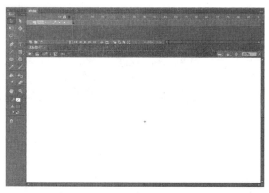

图17-106 新建元件

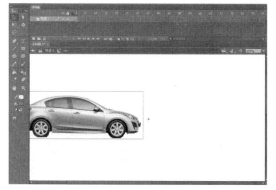

图17-107 导入图像

22 选择第40帧按F6键插入关键帧，将图像向右移动，如图17-108所示。

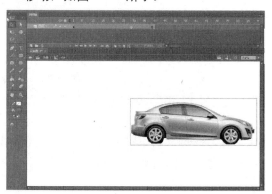

图17-108 向右移动图像

23 在1～40帧之间右击鼠标，在弹出的列表中选择"创建传统补间"选项，创建补间动画，如图17-109所示。

24 单击"场景1"按钮，返回到主场景。单击"新建图层"按钮，新建图层2，如图17-110所示。

25 将"库"面板中的元件1拖入到舞台中，如图17-111所示。

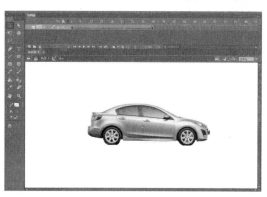

图17-109 创建补间动画

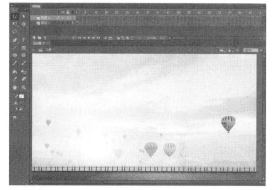

图17-110 新建图层

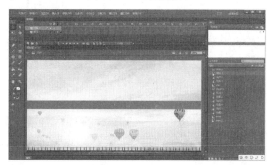

图17-111 拖入元件

26 选择图层2，右击鼠标，在弹出的列表中选择"遮罩层"选项，如图17-112所示。

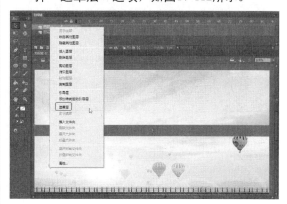

图17-112 选择"遮罩层"选项

27 选择以后即可将图层2设置为遮罩效果。单击"新建图层"按钮，新建图层3，如图17-113所示。

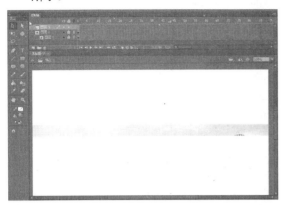

图17-113 设置遮罩效果

28 将"库"面板中的"che"影片剪辑元件拖入到舞台中，如图17-114所示。

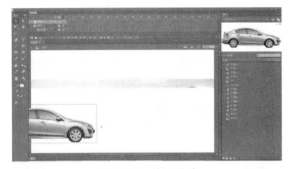

图17-114 拖入元件

29 单击"新建图层"按钮，新建图层4，如图17-115所示。

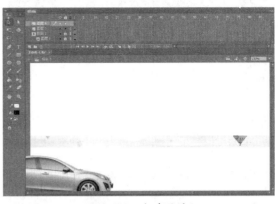

图17-115 新建图层4

30 将"库"面板中的"wenzi"和"wenzi2"影片剪辑元件拖入到舞台中，如图17-116所示。

图17-116 拖入元件

17.5 网站宣传广告

网站宣传广告是以塑造企业形象为目的而展开的，广告诉求内容、表现方式、媒体运用手段等都是着力强调企业在产品、品牌等软硬件资源的全方位综合竞争实力。

实例效果

本实例主要讲述网站宣传广告效果的制作，让辣椒从右上方偏移下来，大白菜逐渐显示出来，并且让文本从上向下移动效果，如图17-117所示。

图17-117 网站宣传广告

实例分析

　　网站宣传广告是树立企业品牌、维护企业长远利益、并同时带动已树立的产品品牌、推动企业当前利益的一种具有长远战略性的广告推广活动。本例主要利用创建补间动画创建网络宣传广告。

（1）导入外部文件。
（2）输入文本。
（3）创建补间动画。
（4）新建和应用元件。

操作步骤

　　制作网站宣传广告具体操作步骤如下。

01 新建文档，设置文档大小和颜色，如图17-118所示。

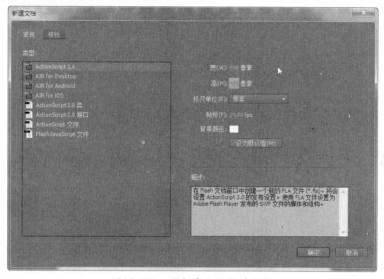

图17-118　"新建文档"对话框

02 单击"确定"按钮，新建空白文档，如图17-119所示。

03 执行"文件"|"导入"|"导入到舞台"命令，弹出"导入"对话框，选择需要导入的图像，如图17-120所示。

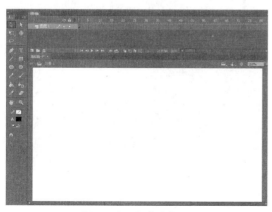

图17-119　新建文档

图17-120　"导入"对话框

04 单击"打开"按钮，导入图像文件，如图17-121所示。

05 在第80帧按F5键插入帧，如图17-122所示。

图17-121　导入图像文件

图17-122　插入帧

06 单击"新建图层"按钮，新建图层2，如图17-123所示。

07 选择工具箱中的"文本"工具，在舞台中输入文本，如图17-124所示。

图17-123　新建图层2

图17-124　输入文本

08 在"属性"面板中单击"添加滤镜"按钮，在弹出列表中选择"投影"，如图17-125所示。

09 选择以后设置投影效果，如图17-126所示。

图17-125　选择"投影"选项

图17-126　设置投影效果

10 在第60帧按F6键插入关键帧，将文本向下移动一定距离，如图17-127所示。

11 在1～60帧之间右击鼠标，在弹出的列表中选择"创建传统补间"命令，创建补间动画，如图17-128所示。

12 单击"新建图层"按钮，新建图层3，如图17-129所示。

13 执行"文件"|"导入"|"导入到舞台"命令，导入图像文件，如图17-130所示。

图17-127　移动文本

图17-128　创建补间动画

图17-129　新建图层3

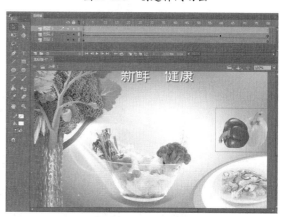

图17-130　导入图像文件

14 选择第60帧插入关键帧，将图像向下移动，如图17-131所示。

15 在1-60帧之间右击鼠标，在弹出的列表中选择"创建传统补间"命令，创建补间动画，如图17-132所示。

图17-131　移动图像位置

图17-132　创建补间动画

16 单击"新建图层"按钮，新建图层4，图17-133所示。

17 执行"文件"|"导入"|"导入到舞台"命令，导入图像文件baiai.png，如图17-134所示。

18 选择导入的图像按F8键，弹出"转换为元件"对话框，"类型"设置为"图形"，如图17-135所示。

19 单击"确定"按钮，将其转化为元件。在"属性"面板中的Alpha设置为0，如图17-136所示。

图17-133　新建图层4

图17-134　导入图像

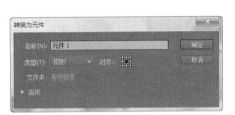

图17-135　"转换为元件"对话框

图17-136　设置Alpha

20 在第60帧按F6键插入关键帧，在"属性"面板中的Alpha设置为100%，如图17-137所示。

图17-137　设置Alpha

21 在1～60帧之间右击鼠标，在弹出的列表中选择"创建传统补间"命令，创建补间动画，如图17-138所示。

22 保存文档，按Ctrl+Enter组合键测试动画效果，如图17-139所示。

图17-138　创建补间动画

图17-139　测试动画效果

17.6 本课小结

通过本课的学习，相信读者已经可以独立进行Flash动画的设计和制作了。不过本课所涉及到的只是Flash动画制作的基本类型，只有掌握并体会这些基本类型中的要领，才能将它们相互配合使用，创作出更好、更精彩的动画作品。

附录
Flash动画常见问题解答

1. **巧用"选择"工具的选项功能**

选取"选择"工具后，工具箱中的"选项"选项区将出现3个按钮，分别是"贴紧至对象"、"平滑"和"伸直"。

利用这3个按钮，可以实现以下功能。

★ 贴紧至对象：可以启动自动捕捉功能，这样在绘制或移动线条时，一旦接近对象的边缘，就会像磁铁一样被自动吸引。

★ 平滑：可以改进图像边界的圆滑程度，使图像变得平滑，单击该按钮的次数越多，边缘就会变得越平滑。

★ 伸直：可以改变图像边缘的尖锐程度，使图像变得平直。

2. **静态文本、动态文本和输入文本的区别**

Flash的文本工具能够生成3种不同类别的文本，分别是"静态文本"、"动态文本"和"输入文本"，在"属性"面板中可以设置文本的类别。

★ 静态文本为具有确定内容和外观的、不随命令变化的文本，又称静态文本块。它在Flash影片中将会以背景呈现在浏览者面前，不可以选择或更改。

★ 动态文本一般被赋予了一定的变量值，通过函数运算使文本动态更新（如体育得分、投票报价或头新闻），因此能够实现动态效果，又称动态文本字段。

★ 输入文本又称输入文本字段，允许用户为表单、调查或其他目的输入文本，相当于Dreamweaver中的表单文本框。

3. **元件的使用技巧**

Flash动画制作过程中大部分时间是与元件打交道的，同样的元件包括影片剪辑和按钮都可以在多个地方无数次的被使用而不必重新制作，那么多个相同内容的动画对象只保存一次就足够了。在新建元件的时候，例如制作像素字，如果先新建元件而后输入字体，由于与主场景中的坐标不关联，很容易造成字体模糊，所以最好是在主场景中输入字体而后将其转换成元件。

4. **字体的使用技巧**

一个作品中应尽量使用较少的字体种类，过多的字体或者字型会增加作品的容量，同时也不利于作品风格的统一，从而使画面看起来有眼花缭乱的感觉。在作品中能用单色的地方尽量不用渐变色，这样会减少颜色的计算量。另外，在Flash中对每种字体都有其最佳的大小，例如一般的字体都在8-15号之间为最佳，而最常用的宋体字最佳大小为9号。

5. **声音的使用技巧**

声音是Flash作品中的一个重要组成部分，特别是一些短剧类的动画作品，声音效果的好坏直接影响到整个作品的效果，因此对动画中的音频素材要设置合理的压缩模式和参数。

（1）MP3格式相对于WAV格式来说文件大小及音质都要好得多，所以插入的声音文件尽量用MP3格式代替WAV格式。

（2）对于语音素材的输入，可以设置较高的压缩频率，并将双声道合并为单声道而不会影响音效。在"同步"中设置"事件"也可确保音效完整地播送，并不会因为影帧的停止而停止。

（3）最好是将场景中的声音文件安排在一个专属的图层中，而不要和其他元件放在同一图层内，这样可以使Flash在播放作品时比较轻松，对于较复杂的，包含有许多声音文件的影片,也可以避免出错。

（4）Flash影片里的音效区分为两种："事件音效"和"背景音效"。"事件音效"在平常时并不发出声音，只等待浏览者触发特定事件，如用鼠标单击按钮时，才播放声音文件。而一旦播放声音，并不因为帧停止而停止。"背景音效"的播放则完全是根据帧，有帧的地方音效就会持续播放。所以在使用"背景音效"时，将其制作成单独的影片剪辑元件插入到作品中不失为一个好办法。

6. 播放过程中停顿问题及解决技巧

由于动画设计或者网络传输速率等问题，有时可能会出现播放停顿的现象，所以有必要对动画设计进行调整。

（1）调整可能出现停顿的帧中的内容。这些帧通常是数据量较大的关键帧，调整时可以将其中的对象分散到多个帧或者多个图层中。一般情况下，调整音频对象和调用位图对象的关键帧数据量都较大，在设计中应避免在同一个帧中同时调用它们，最好也避免多个位图出现在多个不同图层中的同一段位置。

（2）在数据量大的关键帧前面设计一些数据量小的帧序列可以使动画的播放连贯起来。动画的播放是按照作品中指定的速度进行的，而数据的下载取决于网络的传输速度。当下载速度快于播放速度时，播放器会在播放动画的同时下载后面的内容，这样在播放的过程中也就不会出现停顿了。另外也可以在作品前面加上预载场景，这样就不必考虑等待时间过长的问题了。

（3）无法避免大数据的关键帧下载时，可以设计一些不受主时间线控制的动画内容，以使画面不至于完全停止。比如在场景上放置有动画内容的影片剪辑。

（4）尽量避免在作品一开始就出现停顿。如果一个作品一开始就很精彩，那么后面即使有些停顿观众也会耐心等下去。为此，在作品的开始阶段不要设置数据较多的对象，最好用数据量较少的前导内容，将观众一步步的引入。

7. 可以导入到Flash中的音频格式有哪几种

导入到Flash中的音频格式主要有以下3种。

★ WAV音频文件：Windows的数字音频标准，支持立体声和单声道，也可以支持多种分辨率和采样率。在Flash中可以导入各种音频软件创建的WAV音频文件。

★ AIFF音频文件：Macromedia产品中广泛使用的一种数字音频格式。

★ Quick Time音频文件：如果要导入Quick Time音频文件，则必须首先安装Quick Time Pro 3.0以上的版本，然后将Quick Time音频文件保存为WAV或者AIFF文件。

8. 如何将一张图变成Flash文件后任意缩放而不出现锯齿

导入的如果是位图，必须转换为矢量图格式，矢量图容量小，放大无失真，有很多软件都可以把位图转换为矢量图，Flash中提供了把位图转换位矢量图的方法，简单有效。先按Ctrl+R快捷键导入需转换的位图，选择"修改"|"位图"|"转换位图为矢量图"命令，弹出"转换位图为矢量图"对话框，如附录-1所示。在对话框中把"颜色阀值"和"最小区域"设的越低，"角阀值"设置较多转角，"曲线拟合"设置非常紧密，得到的图形文件会越大，转换出的画面也越精细。

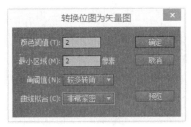

附录-1 "转换位图为矢量图"对话框

9. 做好的Flash放在网页上面以后，它老是循环，怎么能够让它不进行循环

做好的Flash放在网页上面以后，它老是循环，让它不进行循环只要将最后一个Frame的Action设置为Stop即可。

10. Flash动画背景可以透明吗

Flash动画背景可以透明，可以使用以下两种方法将Flash动画背景设置为透明。

（1）选择"文件"|"发布设置"命令，弹出"发布设置"对话框，在该对话框"HTML"|"窗口模式"中的下拉列表中选择"透明无窗口"选项即可，如附录-2所示。

（2）在html文件的</object>前面加上代码：

```
<param name="womde" value="transparent">
```

在<embed>标记内插入

```
wmode=transparent
```

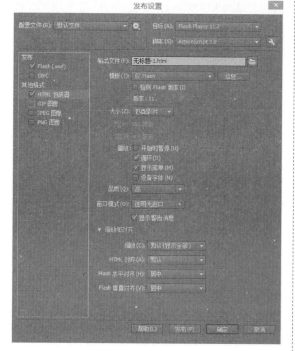

附录-2 "发布设置"对话框

11. 怎样做一串字或一幅图由模糊变清晰的效果

先建立两层，第一层放置原来清晰的图片，第二层放置被模糊过的图片，把第一层的图片生成影片剪辑或者是图形，然后进行Alpha渐变就可以了。

12. 如何进行多帧选取

按住Shift+Alt+Ctrl组合键可以选取多帧，可以在要选的第一帧处按住Ctrl键，然后按住Shift键单击结束帧，也可以按住Ctrl键单击选中多帧。

13. 做"沿轨迹运动"动画的时候，物件为什么总是沿直线运动

首帧或尾帧物件的中心位置没有放在轨迹上。有一个简单的检查办法即把屏幕大小设定为500%或更大，查看图形中间出现的圆圈是否对准了运动轨迹。

14. 为什么删除了WAV声音文件后Flash文件大小并没有变

在Flash文件中，仅仅删除了其中的WAV声音文件，并不能有效地改变其大小。这是因为该Flash文件跟电脑硬盘上的WAV文件还保留一定的联系。因此，可以重新建立一个文件，然后把删除了WAV声音的Flash文件时

间轴上的帧全部都复制到新建的文件上，这样即可彻底改变文件的大小。

15. 什么是引导层，引导层有何功能

为了在绘画时对齐对象，可以创建引导层。然后可以将其他图层上的对象与在引导层上创建的对象对齐。引导层不会导出，因此不会显示在发布的SWF文件中。用户可以将任何图层用作引导层。

创建运动引导层后，可以在其中绘制路径，补间实例、组或文本块可以沿着这些路径运行。用户可以将多个图层链接到一个运动引导层，使多个对象沿同一条路径运行。

16. 什么是遮罩层，遮罩层有何功能

遮罩层是Flash中一种特殊的图层，可用于实现一些特殊的动画效果。当在某一个图层上建立遮罩时，其下面的一个图层将自动变为被遮罩层，遮罩的最终结果是被遮罩层上的对象挡住的部分可以显示出来，而没有被挡住的部分会被隐藏。

可以将遮罩理解为一个孔，通过这个孔可以看到下面的图层。遮罩对象可以是填充的形状、文字对象、图形元件的实例或影片剪辑。可以将多个图层组织在一个遮罩层之下来创建复杂的效果。

要创建动态效果，可以让遮罩层动起来。对于用做遮罩的填充形状，可以使用补间形状；对于文字对象、图形实例或影片剪辑，可以使用补间动画。当使用影片剪辑实例作为遮罩时，可以让遮罩沿着运动路径运动。

17. 如何加密SWF动画

在制作好一个动画后，要进行加密，以防止他人随便引用。

选择"文件" | "发布设置"命令，在弹出的"发布设置"对话框中切换到Flash选项卡，在"选项"选项区中，勾选"防止导入"复选框即可，还可以在"密码"文本框输入密码，这样，当别人想要导入该动画时，需要输入密码才能导入，从而就有效地防止了非法导入，如附录-3所示。

附录-3　"发布设置"对话框

18. SWF的瘦身技巧

Flash是通过使用关键帧和图符生成的SWF文件的。动画制作并非想象的那么简单，初学者做的Flash动画往往结构不清晰，文件也比较大，使动画质量大打折扣。那么怎样将Flash优化到最理想的大小，并在质量与速度之间找到一个完美的平衡点就是我们下面需要解决的问题。

（1）首先了解自己做的Flash的结构，将需要的声音、位图、矢量图分别存放在库的不同文件夹里，再将制作出的按钮、图形、电影剪辑分别归类并取上适当的名字，这样的整理不仅能够让读者对自己做的Flash的结构有所了解，也能够大大提高工作的效率。

（2）现在开始优化。首先从声音开始，Flash中的声音虽然是整个作品中不可或缺的元素，但是它也能轻松地让SWF文件胀大两三倍。应该先确定哪些声音是必要的，哪些不是必要的，比如有些背景音乐可以将它们裁剪成循环的形式，这样可以大大减少音乐的长度，而有些按钮的声音则可以干脆去掉；其次是将次要的声音降低质量，原本的44khz的可以降到22khz。

（3）位图的优化没什么好说的了，尽量使用小的图片，尽量在其他图像软件中将它们预先优化好，如使用Photoshop中的保存为网页图片等。当然读者也可以将位图转为矢量图，再导入Flash中。当然能不用位图的地方尽量不要用位图，一般是需要复杂的渐变和材质的时候才使用位图。

（4）矢量图的优化也并不复杂，矢量图的大小并不取决于其面积的大小，而是和形状的复杂程度，渐变颜色的多少有关，所以将不必要的节点和多余的线头等删掉，将近似的颜色转为一种颜色。

（5）一切元素都经过优化之后再检查一遍是否有遗漏，最后将ActionScript检查一遍，去掉多余的语句和注释等调试语句，尽量减少和时间轴一起循环的语句，这样可以大大提高Flash的运行效率，最后将没有使用的组件从库中删除。

（6）调整一下或者强制输出SWF的质量。